はなしシリーズ

吟醸酒の光と影

世に出るまでの秘められたはなし

篠田次郎著

技報堂出版

はじめに

私たち酒ファンを魅了する吟醸酒。それは人類の歴史百年に一つ現れるという新しい酒である。

この吟醸酒は、激しい品質競争を繰り広げる品評会という場から生まれ出てきたのである。私は吟醸酒のもつ香味の魅力に引き込まれ、その歴史を探ることになった。そして、明治四〇年にスタートした全国清酒品評会や現在も続いている全国新酒鑑評会の歴史を辿った。

文字通り暗中模索の作業だったが、多くの人の協力を得ておぼろげながらその概要をつかむことができた。さらに幸いに、酒の神様の配慮なのか、昭和一三年で終わった全国清酒品評会の詳細資料までも手に入れることができた。吟醸酒の戦前の軌跡は辿り得たと思う。

そして、私が昭和五〇年一二月に始めた「幻の日本酒を飲む会」の二五年、三二八回の全記録は、吟醸酒が商品として世に出てからのいきさつを記録している。

あとは戦後の昭和二〇年から五〇年までの吟醸酒のあゆみを調べれば、吟醸酒の百年史が完成する。

この時期についてはどこかでだれかが記録しているものだと思い、当たれるところを当たったが、私の目指すものはないも同然だった。それで、酒の世界の部外者である私が、わずかな吟醸酒との接触を手がかりにして戦後から昭和五〇年までの三〇年を探った。

そして驚いた。吟醸酒はその間に消えかけていたのである。実体的には消えたといってもいいだろう。

消えたのではない。消されたのかもしれない。

だれが、どうして吟醸酒を消したのか。何のために。

それは、この三〇年の吟醸酒のおぼつかなく、ある時期は薄れた足跡を見ればいい。

昭和五〇年ごろから、世の中に行き渡っている日本酒品質に飽き足らないファンたちが、優れた品質の地酒を発掘し出した。そして、優れた地酒の陰に隠れていた吟醸酒に出会うのである。そこから吟醸酒は酒卓のエースとしてデビューし、多くの酒徒たちを驚嘆させ満足させてくれている。

しかし、栄光を約束されて登場したと思われた吟醸酒にも、秘められた影があった。その吟醸酒が戦後の暗黒時代を経験したとは想像もできまい。いまなおすくすくと育ちつつある吟醸酒がまさに消えんとしたいきさつは、何が原因だったのか。需要と供給が交錯する自由市場のなかから優れた商品が生まれてくるはずなのに。それが阻止されていた経緯を知ることは賢い消費者の責務ではないかとさえ思える。

吟醸酒は、酒の神様がわれわれに百年に一つ授けてくれた珠玉の酒である。これからも、さまざまに変貌を続けながらわれわれファンを楽しませてくれるだろう。それを期待して、吟醸酒が伸びやかに育っていくのを見守りたい。

目次

第1章　戦中・戦後の吟醸酒

混乱期の出来事と品質志向

1．終戦前後の酒事情

食糧がない、米がない。そのなかでも酒はつくり続けられた。軍需物資であったし、市民生活のなかで、せめてもの潤いであったし、とくに冠婚葬祭には欠かせなかったからである。

昭和二〇酒造年度（酒造年度はBYと表す。一〇月から翌年九月までをいう。のち、七月から翌年六月までに変わる）の醸造高は八三万八〇〇〇石（一五万八四〇キロリットル）と記録されている。醸造高の戦後の最低記録は昭和二二BYで、五〇万九〇〇〇石（九万一六二〇キロリットル）であった。

これらの数値は、最盛期（昭和四八、四九年）に比べ、一〇分の一に近い数字である。

多くの酒蔵は企業整備令によって、なかば強制的に名目だけの合併を強いられた。一地方で一蔵か二蔵が酒をつくり、他の多くの蔵は酒づくりをやめさせられた。

酒をつくった蔵でも、一冬に五〇石とか一〇〇石とかであったと、当時を知る人は寂しく話す。かつてのあの冬の酒蔵の活気あふれる情景とは、比較にならない酒づくりであったろう。桶に三本か四本仕込んで、やがて醪《もろみ》が酒になったのを搾り、それで終りである。

こんななかでも、醸造試験所と酒の鑑定（税務当局に酒造技術指導担当がおり、その仕事を鑑定業務という）は続けられた。酒を確実に安全につくらねばならないし、さらに昭和一八年三月に酒税法で制定された「級別制度」があったからである。酒税を確実に徴収するために技術的なバックアップがなされてきたのであったが、その研究機関が品評会（鑑評会）を通じて吟醸酒を育て、見守ってきたのである。

当時の酒税

酒には「級別」の表示があった。級別制度は、当局ができるだけ多くの酒税をとる方法として考え出された制度である。

日中戦争が泥沼化し、太平洋戦争を覚悟した日本は、昭和一四年一一月、国民総動員法を施行して統制経済に入った。酒はこの年の三月に統制価格が実施されていた。

それまでの酒の価格は一升（一・八リットル）一円から五円ぐらいの範囲にあった。高価なものはそれなりの付加価値を含んでいたはずで、そこから多くの税をとり立てたい。そのためには、市場価格に応じた「何か」をつくらねばならない。それが「級別」であった。

高く売れる銘柄に「上級」の級別を認定し、その代わり、メーカーのつくり出した付加価値から高額な酒税を徴収する。その税額分は消費者が負担し、流通を経てメーカーが納付する。

この時点では、メーカーは級別によって増額された酒税を甘んじて受けたようである。なぜなら、メーカーが自分のつくり出した付加価値をそっくり酒税で納付するはずはない。メーカーと当局は、付加価値と課税額割の割振りを、適当なところで折り合ったのだろう。

酒は品不足になり、「悪貨は良貨を駆逐する」ように、街には「金魚酒」なるものが現れた。「金魚も泳げる」という意味か、「ポッと赤くなるだけ」という意味か、中身の薄い酒であったことは間違いない。統制価格と級別は、このような酒を生み出すことにもなった。

一方、重税を課される上級酒メーカーには「特定工場」の指定が与えられた。昭和一八年に制定された第一～四級のうち、最上級の「第一級酒」は特定工場の指定があるものでなければその認定を受けることができなかった。

それまでの酒税は「造石税《ぞうこくぜい》」といわれる制度であった。これは、つくった石数に応じて酒税を掛けるものである。統制価格導入前の造石税は、石《こく》（一八〇リットル＝一升瓶で一〇〇本）当り四〇円であった。計算上は一升について四〇銭である。この当時、一升四〇銭の酒があったという。それではメーカーは加工賃も出ないことになるが、そこにちょっとしたカラクリがあった。

造石税の酒税は、仕込んだ酒が搾られ、貯蔵容器に収まったところで容量が検定されて、それに課税される。この時点の酒は、アルコール分が二〇％ほどある。

商品として酒を樽詰め、瓶詰めするときに、アルコール分を一五～一六％ぐらいに水を加えて調整する。これが飲みごろのアルコール度数だからである。蔵出しのとき、二五～三〇％の増量があり、その分は造石税外であり、また加工賃や利益にもなったのである。

もう一つ、酒税の納期があった。冬、醸造された酒は、「造り」が終わってその量が検定され税額が決まる。その酒税は、その年のうちに二回、翌年春に二回と、四分割して納付することになっている。

春、酒ができたばかりのころ、昨年の分の酒税の納期に蔵は金繰りしなければならない。できたばかりの新酒を瓶詰めして出荷し、その代金を昨年の酒の酒税にあてることもあったらしい。

加水という品質調整の方法を見てもわかるように、造り酒屋は飲料をつくっているのではなく、アルコールを効率よくつくる商売なのである。蔵の資金繰りがもっと忙しければ、出来立ての新酒を一升四〇銭で桶売りすることもあった。当時の桶相場は、春先が四〇銭で、季節が進むに従って上がっていったという。

酒の値段は何で決まるか

市場の酒の値段は銘柄によって相当の開きがあった。酒税が一升当り四〇銭だったころ、四〇銭で市販される酒があると思えば、一升五円という酒もあった。標準は八〇銭から一円五〇銭ぐらいであった。酒税は前に述べた造石税であるから、ともに一升四〇銭である。

戦域を大陸に広げた政府は、軍事費をまかなうものが欲しかった。大衆課税で、ある種の贅沢《ぜいたく》品に掛ける税金で、とりこぱしのないもの。酒税はこれにぴったりあてはまる。明治時代から酒税は戦費を調達するのに使われたといわれている。

酒の値段は、品質と銘柄力で差が出る。政府は高価なものからはそれなりの酒税をとりたい。だが、酒の品質をどうやって客観的に評価するか、これが難しい。経験豊かな酒造指導の技術官吏を審査員にして品評会を開いても、そこで判定された品質が必ずしも市場価格と連動しないのは、それまでの経験でわかっている。そのうえ、銘柄力に至っては評価のしようがない。

そこで、級別制度がとられた。一級、二級、三級、四級という順に従い、アルコール分を薄くした。これならわかりやすい。アルコール分だけでは「旨み」「ゴク味」の裏づけが不足なので、「エキス分」（酒に溶けている旨みなどの成分）も評価対象にした。それに「きき酒」による審査も加えた。それだけではない。一級酒（のち特級）は政府の指定工場の製品でなければ級別認定審査を受けられない制度にした。つまり、銘柄力のあるところだけに上級酒をつくらせ、これに高額の酒税を課して「高級酒」の認定を与え、高額の価格をつけさせた。

この級別制度は、矛盾を含んだまま戦後も続き、平成四年になって全廃される。

これまで「造石税」であった酒税は、級別制度の導入とあいまって「庫出税《くらだし》」に変わっていく。現在もこの制度である。酒蔵のなかにある酒には税は課せられていない。瓶詰めして出荷されるときに課税される。

2．酒質には二つの価値観があった

いい酒とは

酒は嗜好品である。だから、飲み手の一人ひとりが自分の好みの銘柄を持っている。それゆえに「この酒が最高」といいきれない。確かにそうである。だが、飲み手全体をまとめてみるとき、銘柄ごとに「いい」といわれるものから順に並べることができる。これもその通りである。

飲み手である個人は、自分の好みは好みとして、「いい酒」の順位に興味を持っている。では、その順位はどういう基準で並べられ、どんな銘柄が並ぶのであろうか。これが問題なのである。酒の場合、自由経済市場で売れていることを「よし」とするもの、多くの酒を並べ、きき酒して優れているものを「よし」とするもの、二つの価値観があった。

ここでは昭和二〇年ごろのことを書いているので、それ以前を振り返って「二つの価値観があった」と過去形で書いている。だが、この二つの価値観は現在でも並立している。

ものをつくる人間は、人の望むものを「いい品質で、できるだけ安く、素早く」送り届けようとする。市場性があるといっても、価格に縛られたなかでの品質競争である。もし、価格に縛られずに品質を求める心を満足させようとするなら、それは市場ではなく、品評会のような場に向かわざるを得ない。

ものをつくることは生活の糧を得る手段だから、市場性を無視しては「つくる」という商売は成り立たない。だからといってより高い品質へ向かう心を失っては、自分の心は満足できないし、そこから開けてくる未来も期待できなくなる。

品質追求という本能にも似た心を満足させる場として、いろいろな製品にいろいろな品評会がある。酒にもある。そして、そこから吟醸品質が生まれたのであった。でも、品評会には非情な一面もあり、順位が公表されるから、下位におかれたものは心穏やかでない。

酒の全国的な品評会は明治四〇年に始まり、二つの催しが展開されていた。

酒造業界は国が技術指導していた

大蔵省の酒造技術指導の技術者「鑑定官」は、造石税制度から庫出税になっても、酒蔵に対して品質向上の技術指導を続けた。

造石税では、アルコールがたくさん出る酒づくりをすれば、その分は酒蔵の利益となったが、級別制度で出荷される酒のアルコール度が規定されると、生産性が上がった分だけ税額も多くなる。かつ、上級の認定をとれる酒をつくることが酒税を多く納めることになり、国に尽くすことになるからである。

酒づくりを指導するには、設備を考え出し操作を改善させていくことだ。その結果、どんな酒ができたかについては、答えを市場に求めればよい。だが、品質に対し市場が反応を示すには、長い時間が必要だ。

一方、その品質を品評会に出せば評価はたちどころに返ってくる。明治後期に始まった二つの品評会は、国の機関である醸造試験所が主催するものと、深く関わりのあるものであった。本来、安全に酒をつくらせ、確実に酒税がとれるようにと派遣されたはずの鑑定官たちの多くは、自分の指導手腕の結果を見たいこともあったのだろう、品評会出品酒の吟醸づくりには熱心だったようだ。

その吟醸酒をつくり出すために、原料を選び設備を改良し、酒づくりの各工程にさまざまな工夫を投入させた全国的な品評会は、昭和一三年を最後として幕を閉じていた。寄せてくる食糧不足、米不足のなか、精白度を高くして品評会出品酒をつくることは国策に合わない（注　ここで全国的な品評会といったのは全国清酒品評会のことである。それに比べぐっと規模の小さい全国新酒鑑評会のほうは戦時中も続いていた）。

品評会で競ったのは吟醸品質であった。吟醸品質は精米を進めていかねばつくり出せない。品評会を続けることは、政府通達である精米制限令の三割減（精米歩合七〇％）を業界ぐるみで違反することである。それを承知で品評会はできない。であるなら、この面での品質競争はあきらめようと決めたのであった。第一二回の全国清酒品評会を終えた昭和一四年のことである（注　精米歩合は原料玄米に対して、精米後に残った白米の比率で表される。精米を進めると精米歩合の数値は小さくなる。だが、ここでは、精米を進めることを「精米歩合を高める」と表現することにする）。

品評会を閉じたあと、原料米事情は悪化を辿り、酒造用米の割当て数量の減少に加え、昭和一四年一一月には精白制限平均一割三分（精米歩合八七％）とされた。

3. 戦前の酒質

戦前の酒質がどうだったか。かなり詳細なつくり方と分析データが残っているので、こんな品質だっただろうというおおよその予測はつく。

酒市場は、遠く江戸時代に「下り酒」として名声をあげた兵庫県灘地区（西宮市から神戸市に至る海岸地帯）のものと、明治中期以降に名をあげた京都市伏見の銘柄が上位にランクされていた。しかし品評会の場では、広島、秋田、福岡、熊本、新潟、長野などの各県をはじめ、新しい銘醸地が次々に登場していた。

この二つの勢力の間に、市場実績を誇るものと、品評会を足場に品質を競い名をあげようとする価値観の違いがあったのは当然のことといえる。

そんなことも踏まえて、終戦直前までの酒品質の情勢を掘り下げてみる。

灘も吟醸酒をつくっていた

戦後の吟醸の動向を記すべきこの文章に、さらに一〇年遡った時期の動向を挿入させていただく。戦前のこの時期の動きについてのある洞察を、他に記す場がないからである。

昭和初期、酒造業界では不況から脱出する一つの方法として、品評会で好成績をあげ、その名声を利用する方策が激化したようだ。これは業界の全国的なお祭りのようなものにまで盛り上がった。なにせ出品点数が五〇〇〇点に近い膨大な規模にもなったものだったからである。

大正末期、灘五郷酒造組合が、「きき酒向きの酒を出品する他の銘醸地の蔵の踏み台になることは潔しとしない」として全国清酒品評会をボイコットしたのに続いて、昭和三年には、伏見の大手も全国清酒品評会への出品を取りやめたとある。理由は、思うに灘五郷酒造組合と同じであろう。

手にした名声を、品評会の場で無名の後進に追いつかれ追い越されるのを避けたのであろう。

だからといって、灘、伏見の大手は、吟醸品質の追求をやめてしまったのではないらしい。当時、全国清酒品評会とは比較にならぬ小さい規模であった全国新酒鑑評会で、昭和二年、「大関」が第一位を得ており、同四年には「月桂冠」が第一位から三位を独占し、六年にも第一位を得ている。

この全国新酒鑑評会は全国清酒品評会と同じパネルが審査したと思われ、さらに出品は主催者が出品を要請したような気配がある。とすると、「大関」がこの全国新酒鑑評会でこの成績をあげるについては、同社が品評会品質に優れたものを醸出していることが主催者側に知られていたと思われる。

品評会品質と市販酒品質

幸い、全国清酒品評会上位酒の品質は分析データが残っている。このデータによれば、大正四年から一〇年にかけてと昭和五年から一三年までと、酒質は急激に甘口化したことがわかる。これが品評会品質だけだったのか市販酒もそうだったかについては、多分同じ傾向を示したのだろうとされている。坂口謹一郎先生の『日本の酒』(岩波新書)でも、品評会データをひいてこの時期「酒質が甘くなった」としている。

斎藤富男氏(元東京国税局鑑定官室長、現メルシャン㈱)の発表(平成五年一一月、篠田次郎石川賞受賞記念講演会)によると、昭和一三年東京税務監督局が調査した市販酒データがある。このデータは、市販価格帯で分類されている。そのうちの高価格帯の分析データが、前記品評会上位酒データときわめて近いのである（詳しくは『吟醸酒への招待』（中公新書）に掲載）。

これから察して、市販酒の高級品（高価格帯のもの）は、品評会上位酒品質と同じだったと断定してもいいのではないか。さらにこの推論が成立するとすれば、東京市場を制していたのは灘・伏見酒であったろうから、灘・伏見酒は品評会出品は拒否していても、市販商品の品質は品評会上位入賞クラスのものを出していたという推察も成り立つのだが。

戦時中の酒質

昭和一三年に全国清酒品評会が幕を閉じ、吟醸の歴史はここで中断する。だが、かすかに記録は続き、残っている。前にあげた全国新酒鑑評会の上位三点と出品数だ。これは品評会が閉じたあとの昭和一四年から一九年の分もある。この時期の貴重な記録といえる。

吟醸づくりは、酒の「盆栽」だとか「穀潰《ごくつぶ》し」だとかいわれた。品評会で好成績をあげるには、精米歩合を高めることはもちろん、搾った酒の歩留まりも悪くなる。一本の吟醸のために他の普通ものの酒づくりが犠牲になるといわれた。それは、吟醸酒工程と普通酒工程の進み方が違い、吟醸酒工程を優先させるために普通酒の工程に無理な変更を強いるからである。その無理は普通酒醪《もろみ》数本に及ぶこともある。

だが、それは未知なるものへの挑戦であり、前人未到の品質を創造することであり、吟醸品質を知るものの間での名誉でもあった。

目の前の実利を得る途ではないから、吟醸への努力を「杜氏の趣味」「蔵の主の道楽」と評された。だれが何といおうと、趣味や道楽に浸る本人は満足なのである。そこには打算や金銭勘定はない。

品評会がなくなっても、米の割当てが少なくなっても、吟醸の魅力に取りつかれた酒蔵は数少ない仕込みのなかの一本を心を込めて仕込んだ。

「越乃寒梅」の前社長、石本省吾氏は、「冬の造りのうちで、一番心を込めてつくった酒が吟醸だ」と私に語ってくれた。商品をつくるのが仕事の製造業で、心を込めずに製品をつくる者はいまい。同じつくるなら、少しでも品質を高めようと思わぬ者はいまい。

酒づくりは、米を原料につくる。その米にもいいものとそうでないものがある。晩秋からつくり始めの初春に至るまでの期間で、とくに酒づくりに適した時期がある。一冬、数十本つくる間に、杜氏の技がその年の米や気候に慣れてくる頃合いもある。

原料米もいいものがきた。冷込みも酒づくりにちょうどいい。杜氏も調子が乗ってきた。「この仕込みはきっといい酒になるぞ」となって、いっそう気が入る。

そんな酒づくりの段取りを前もって整えることもある。これが「吟醸」なのだ。趣味の域、道楽の域を越えて夢中になってしまう。吟醸はそういう男たちがつくり出した品質だったのだ。

だから、米不足の時代、わずかな数の酒づくりのなかにも、吟醸の心はあっておかしくない。

4. 戦後の混乱

日本酒は日本の風土が生み出した醸造酒である。その品質志向の場である品評会から吟醸品質が生み出された。

だが昭和二〇年八月、太平洋戦争に敗れた日本は、国土こそ残ったが、あまたの人命をはじめ多くのものを失った。

酒の世界では、食糧難で酒がつくれない蔵がたくさん出た。わずかばかりの原料米をどうにかして、できるだけ多くの酒をつくろうとしたのは否めない。そこからだろうか、事故も起きたし、酒のつくり方も変わった。

それらがどうなってどうなったのか、あまり知られていない。戦後の混乱期の出来事だから忘れてしまいたいのか。私は酒造業とは別の仕事をしていたが、酒の世界に触れてきた。その間、この混乱期に起きた出来事を人から聞いたり調べたりした。それを述べておかなければ、私の好きな吟醸酒のあゆみも説明できない。

(1) 昭和二三年腐造

これは表の話ではない。だから正確な証言を集めることができない。私の文章のなかでも、証言ルートを明記することはできない。すべて「匿地匿名」である。仮名のアルファベットは出まかせであるから、推量しないでほしい。

腐造の実態

昭和二三年の造り（二三年秋から二四年春まで）が始まって、各地の蔵で異変が起きた。醪《もろみ》が湧かない。待っていてもアルコールが出ず、やがて酸が出てきた。腐造の兆候である。

酒蔵にとって腐造は、あってはならぬ最も恥ずべき事故なのである。腐造による損害（このころ、原料米も酒も貴重品であった）だけではなく、「酒を腐らせた」となると、酒蔵としての体面が保てない。できるなら闇に葬りたい。

腐造は過去にもあったし、現在でも起こっている。過去のものは闇に葬ってしまった。明治四、五年と大正二、三、四年に大腐造があったという。わずかに残った痕跡から推察するとこうなる。

明治政府は「楽市楽座」政策で多くの業種の免許（株・座・講・組または組合・仲間など）を廃止したが、酒株制度は明治四年、金一〇円の営業税で開放された。

この制度で新規参入した多くの業者に、造石税で多く酒税を課するため、水の歩合を多くするよう指導した。その結果、明治五年に多量の腐造が発生したといわれている。腐造によって、相当数の業者が酒づくりをやめたともいわれている。

また、大正二〜四年の腐造は、生産量の一割にのぼったらしい。原因はあのあたりにあると目されている。それは明治後期に開発された新技術だ。だが、その功績も大きく、発明者の名も残っているので、はっきりと推量を明示する者はいない。

過去の明治五年と大正四〜六年のものについては『吟醸酒誕生』（実業之日本社、中公文庫）に書いた。これも一部の記録があるだけで、あとはすべて推察である。

これらの腐造は、現在は予兆を早く発見できるし、それに対する手立てもできている。腐造が進行しても、廃棄処分にすることなくうまく利用している。いずれにしても表には出てこない。

昭和二三年、当時は米も酒も貴重品であった。米の割当ても酒の生産量も極端に少なかった。醪一本でも廃棄処分しようものなら、蔵の経営に響き、存亡に関わるのであった。

兆候は酒母のときにあったであろうが、杜氏はこれを蔵主に報告できなかったであろう。そのまま、神頼みしながら醪に仕込んだのであろう。醪がおかしくなれば、もう恥も外聞もない。命に比すべき貴重な財産だからである。

大腐造起きる

第一発見者（報告者）は、蔵元であったか技術指導者（国税局鑑定官、県などの技師）であったかわからない。

酒づくりの真っ最中で、指導のため蔵に出張中の国税局鑑定官に呼出しがかかって、「大至急、〇〇酒造に行くように。醪が変調をきたしているらしい」という命令がきた。「〇〇酒造に急行せよ」。現場に行ってみると、それまで仕込んだ醪がほとんど変調している。大事件だ。そんな情報が中央に続々と集まった。

どのような方法でこれを救済するか。醪や酒母、あるいは貯蔵酒、瓶詰酒の変調の救済策はいろいろある。変調の規模が小さければ、それに合わせて策を講じることができる。

こう書けばおもしろい物語であるが、手際よく処理できるのは、よほど度胸のいい者か、何度も経験した者である。変調の状態は蔵のなかで手に負えないものになったことを知ると、当人たちはすくんでしまうらしい。駆けつけた鑑定官は、すくんで動けなくなっている杜氏たちを叱咤激励して処置をするのだと、技術指導のOBは笑いながら教えてくれた。

経験者はさらにこう語った。

腐造とは、醪が発酵を停止し、やがて雑菌に汚染して腐敗に向かうことなのだから、発酵を回復させればいい。アルコール発酵は「酵母」が進める。健全な酒母があれば、これを醪に添加すればいい。健全な酵母が醪のなかで発酵すれば、醪は回復する。

だが、それまでつくられた酒母が駄目だったから醪が腐造の状態になったので、そのような蔵には健全な酒母があるはずはない。そこで搾ったばかりの酒粕を醪に添加した。酒粕は健全に発酵を終えた醪から、米の繊維と酵母を分離したものだからである。

理屈はそうかもしれないが、こんなことを現場で思いつくのは、よほどの冷静さと理論の裏づけと判断力がある者に限られる。

昭和二三年腐造は単発でなかった。腐造の報告は全国から中央に集まってきた。それが全国に広がる大規模なものと察して、中央は救済のフォーミュラを書いた。添加用アルコールを特配し、これを醪に添加して発酵を止め、味を調整して何とか「酒」にする手段である。この翌年、昭和二四年に、この腐造とは別に「三倍増醸法」の試験醸造が行われている。二三年の腐造対策と関係はなかったであろうか。

証言の数々

この事件に対する直接的な証言は少ない。

〈Ａ氏の証言〉

技術者のＡ氏は、酒造技術指導の職についたばかりであった。指導先は、前年腐造に襲われた蔵であった。腐造は単なる財産の損害にとどまらず、人的な犠牲も出したらしい。

新しく杜氏と蔵人の一団がきていたが、決して喜んできているのではない。腐造がまた起こるだろうと、蔵の雰囲気は冷え冷えしていた。彼が蔵に泊まったその夜、といってもまだ明けやらぬ翌朝であるが、蔵が騒がしくなった。「釜屋が逃げた」というのである。釜屋は米を蒸したり掘り出したりする原料処理工程の職長である。

Ａ氏は、蔵主と一緒に蔵に一台しかないトラックに乗って釜屋を追う。最寄り駅は一番列車までまだ間があり、だれもいなかった。「となりの駅へ行ってみよう」と蔵主に急がされて次の駅に向かう。途中、追いついた。釜屋はさらに逃げ、田圃に入っていった。そこで捕まった。釜屋は泥田に足をとられ、裸足だった。逃げるのをあきらめた釜屋は、田圃の自分の足跡を掻きまわして靴を探したという。

蔵主は「応援を連れてくる」といい、A氏と釜屋をそこへ残して蔵へ戻る。ところが釜屋はまた走り出した。「私は追いませんでした」といい、A氏はこの話を終えた。

釜屋はなぜ逃げたのか。前任の杜氏はどうなったのか。いまの酒づくり集団はどんなことを恐れ、どんな約束で蔵にきたのか。また逃げた釜屋はどうなったのか。蔵は……。

疑問はいっぱい続いたが、A氏の話の暗さはそれを許さなかった。

〈B氏の証言〉

業界団体職員だったB氏はこう語った。

このあたりは蔵がたくさんありますから、そのときは大変でした。添加用アルコールはドラム缶で送られてきました。それもアルコール専用のステンレス製のものでなく、普通の鉄板製のものでしたから、錆び色がついてアルコールは真っ赤でした。

それをどんどん醪にぶち込んで……。ここでいう「どんどんぶち込んで……」というのは、決して無制限ということではなかっただろう。醪の救済策として、待っていた特効薬がきて、それを待ちかねたように添加した気持ちをいったものと思う。

〈C氏の証言〉

酒造技術者であったC氏はこのように話した。

出張中に他の蔵への緊急移動の連絡がきて、その蔵へ行きました。酒母も醪も腐造状態でした。それを確かめて報告書を書くと、それが所轄の役所へ提出されるのでしょう。そうすると、必要な分だけのアルコールが特配になるのです。

細かいことは覚えていませんが、出張先から次の蔵へ移動するという形で、いくつかの現場を経ると、証明書を書く要領もわかったという覚えがあります。それほど数が多かったのでしょう。

〈D氏の証言〉

私が中央へ第一報を入れたらしいのです。腐造を起こした蔵は、財産的な損害もさることながら、世間の評判が怖く、腐造だといいにくいのです。また、その蔵を指導している技術者にとっても恥ずかしいことです。

私は……（この部分は伏せる）ですから、中央へ報告しました。あとでわかったことなのですが、それが第一報だったらしいのです。その筋の最高地位の方から呼ばれて表彰されました。立ち会いはだれもおらず、陪食の栄を賜りました。

これらの証言は私が聞いたものである。そのときの表情からして間違いはなかろう。B氏は笑いながらも、声をひそめて話した。

繰り返すようだが、この昭和二三年の腐造は相当大規模なものだったらしい。証言を聞いて感じたのは、対策が敏速だったことである。それは、中央がいち早く対策を立てたからであろう。いまの言葉でいうなら「危機管理がよくできていた」といえる。

時代背景

この昭和二三年、中学二年生の私の記憶では、電話の市外通話は交換手が記録し、順番がくると交換手が呼び出す方法であった。電話設備の整備より経済復興が先行し、市外通話の順番を繰り上げる「至急、特急」で申し込んでもなかなか繋がらなかった。

また、輸送事情も未整備で、ろくに車が走れる道路網などなかった。国鉄の貨車輸送だけであった。いまの宅急便を想像してはいけない。早くても一週間から一〇日はかかったであろう。それを一日でも早く手に入れたいときは、発送元に「貨車番号」を調べてもらい、それを頼りに、発駅、積替え駅、貨物列車編成替え駅などを順番で追うと到着日がわかる。それも最寄り駅ではなく、貨物取扱い駅までとりにいくのだ。ぴったり会えて品物を受け取れればいいが、タイミングを失すると貨車は線路の上となり、さらに数日遅れる。

腐造の発生から認定、救済用添加アルコールの手配から入手まで、どのくらい日数がかかったのか。醪はそれを待ってくれたのか、蔵の製造計画はどうなったのか。思いを巡らすと、素人でもぞっとする。

酒づくりの技術が充実した今日、昭和二三年腐造を語る人もその悲劇は語らない。責任を負って犠牲者もかなり出たらしい。悲劇を語らぬ代わりに喜劇を語ってくれる。

腐造醪はアルコール発酵は不十分だったが、麹による糖化は十分に行われた。つまり、原料米はアルコールにならずに「甘さ」になった。そこへ救済用のアルコールが特配された。できた酒はたっぷり甘みのある酒であった。この当時、金魚酒といわれる薄口のものが横行していた。消費者は甘口のこってりした味を望んでいた。

酒の流通は酒類配給公団が握っていて統制経済のもとにあった。「腐造を出した蔵の酒は危ない」ということで優先的に出荷された。これが市場で好評だったという。

町はインフレが進行していた。物さえ持っていれば値上がりが期待された。酒も闇市場ではそうだったろうが、ほぼ完全に統制下にあって、出荷の時期の早い遅いで配給価格が変わることはなかった。

腐造した蔵には、救済用添加アルコールの特配ではなく、原材料の増配が行われた。それにより、酒質の評判があがり、優先出荷され、金融メリットもついてきた。翌昭和二四年、醪は順調に発酵しているのに、腐造による救済を申請した蔵があったという。

（2）三倍増醸法の導入

三倍増醸法とは

三倍増醸法については、悪法だとか堕落だとかいわれるが、私はそれなりの良心的な方法だったと評価している。

ただこの一行だけを取り上げて、「篠田は三倍増醸擁護論者だ」といわないでほしい。

あの時期、米はなかった。酒は配給制で、一人ひと月何合だったのか知らないが、貫重品だった。私は役所から配布された配給切符と空き瓶を持たされ酒屋に買いにやらされた。その量は、飲んべえの親父のひと晩の飲み量であった。

三倍増醸を酒づくりに導入するには、しっかりした制限枠がかけられていた。数字は正確でないし、途中で変更もあったが、こんなふうになっていた。

①酒蔵に対するアルコール（一〇〇%）割当て量は、使用する玄米一トンにつき二、一〇リットル。

その原料米も割当てであったことはいうまでもない。

②三倍増醸に使える米は、米全量の四分の一。

③三倍増醸仕込みに使用できるアルコール・糖類・調味料は、同仕込みの原料米の重量を超えない。

つまり、原料米の量（割当てであった）を基準として、添加アルコールの上限が決められた。原

表 1

使用内訳	原料米	アルコール量	使用法	清酒量 alc 15%
普通仕込み	75トン	11 000 l	アルコール添加	約 253 833 l
三倍増醸仕込み	25トン	20 000 l	調味液製造	193 333 l

（注）　アルコール割当て　原料米 100トン× 310 l＝31 000 l

料米一トンから、醸造によってアルコール（一〇〇％換算）が三五〇リットルぐらい生産される。アルコールの添加上限が「三一〇リットル／原料米一トン」であった。このアルコールは、普通仕込みの醪にも添加できるし、三倍増醸にも使えた。

大幅に増量できる三倍増醸に使える原料米は、全原料米の約四分の一以下である。この分の原料米と同じ重量（アルコールは比重〇・八で、重量で計算される）の副原料が使えるのだが、一部は糖類・調味料を入れなければ飲めるものにならない。三倍増醸仕込みの原料米一トンに、アルコール添加量は約八〇〇リットル（重量にして六五〇キログラム）である。

年間一〇〇トンの原料米を使う蔵があったとして、三倍増醸とアルコール割当てを目一杯使用したとすると、表1のようになる。

実際には、割当ては玄米比だが、仕込みは白米なので、三倍増醸は白米一トンに八〇〇リットル、普通仕込みは白米一トンに一五〇～一八〇リットルのアルコールを添加した。

普通仕込みは「糖類添加なし・アルコール添加」酒で、アルコール添加量は米一トンに約一五〇リットル、米から醸造されるアルコールの約四割相当分を添加した。三倍増醸は米から醸造されるアルコールの約二倍のアルコールを添加するのだから、米だけの酒に比べると三倍の酒ができる。それで三倍増醸と呼ばれた。
こうして別々の方法でつくられた二種の酒を調合して市販酒にした。

三倍増醸法をどう考える

昭和二四年の時点で、この策は緊急避難であったと見るか、それとも酒を文化と考え堕落と見るか。私は当時の食料事情を知る一人として、よくここで食い止めたと評価する。ただ、これを米が余っている今日まで引きずっているのは、みっともないとしか言い様がないのだ。

なぜ三倍増醸が温存されているのだろうか。国は安い酒のつくり方を許して業界を儲けさせ、酒税をとりやすくするためか。業界は中身を消費者に見せず、こっそり儲けているからか。

吟醸・純米・本醸造の規定、使用原材料名の表示があるから、中身は公開されていると釈明するだろうが、多くの国民は、国が認めた酒づくり法ということで詳しく表示を読んでいない。

現在、三倍増醸法が残っているのは、当事者の欺瞞であり怠慢である結果以外の何ものでもない。

(3) 添加用アルコール

腐造の救い手

さて、昭和二三年の腐造に戻ろう。アルコール発酵を止めてしまった醪は、仕込みタンクのなかでどのような品質になっているか。中身は、蒸米と麹と酒母（酵母）と水である。酒母も蒸米と麹と水である。問題は酵母が働かないという点にある。

酵母が働かない、いない。蒸米と麹と水が容器のなかにあるとどうなるのか。麹の力で蒸米は糖化され溶ける。つまり甘酒ができる。

この甘酒を原料にして「酒」らしいものをつくるには酵母の働きが必要だったのだが、それはない。とすると、アルコールを入れればいいではないか。腐造の救済策は、アルコールの大量添加だったのである。

米のないこの時代、アルコールはあった。太平洋戦争終盤の日本は、輸入を絶たれた石油、ガソリンの代替にとアルコールの生産設備をたくさんつくった。

発酵法でアルコールをつくるその原料はデンプンである。デンプンといえば穀物。だが食糧の穀物がない時代である。そこで、穀物以外でデンプンを含んだものを増産させた。「農林一号」という甘藷《かんしょ》は、人の頭ほどの大きさに育つが、ひもじいわれわれでも食えないまずさであった。こういうものを材料にして糖化し、発酵させて蒸留してアルコールをつくった。ただし、アルコールは燃料にした場合、高力価のガソリンほどの力はないので、戦闘機には使えなかったとか。

しかし、これらの技術レベルは相当なものだったらしい。ちなみに、こんな話もある。この装置の糖化槽、発酵槽の技術は、日本の関連業界に広く知られていた。戦後、ペニシリンに代表される抗生物質が日本にも入ってきた。これは黴《かび》の一種で、他の菌類に混じったり抑えられたりしないように純粋培養してつくる。その培養の方法（装置）が特許で押さえられていた。ところが日本には、アルコール発酵のための同じような装置が各地にあった。それはアルコール発酵のための純粋培養槽である。

周知されたものは特許にならない。抗生物質の培養技術特許は日本では成立しなかった。そこで、アルコール産業が新しい抗生物質を薬品として生産するようになり、世界を制するようになったという。

セルロースを原料としたもの（木材を乾留）はメチルアルコール CH_3OH で、猛烈な毒性を持っていた。だが、デンプンからとれた（エチル）アルコール C_2H_5OH だから、飲むことができる。戦時中のアルコール工場は、酒類製造業者が運営するものだけでなく、国営のものもあった。こちらは戦後、通産省が運営していた。

つまり戦後のあの時期、アルコールはあった。なくても何とかつくれた。それが三倍増醸の道を開かせたのではないだろうか。そしてまた、工業用につくられたはずのアルコールを、水で割って飲料に振り向けさせたのではなかったか。

だとすると消費者は、戦争するためにつくられた設備の産物に、いまでもどっぷり漬けられているようなものだ。

表 2　原料米割当て量と醸造高

年	米収穫量（万石）	原料米割当て（万石）	醸造高（万石）	備考（アルコール用甘藷割当て量がデータに載る時代だった）
昭和 12 BY		461	437	
17		144	163	
18		85	106	この年，甘藷 7 700 万貫（29万トン）の割当て予定が，アルコール燃料のため 3 000 万貫（11万トン）に削減された．
19		85	107	
20		予定　85 実際　65	予定　120 83	甘藷原料 8 500 万貫は，燃料不要のため飲料原料となる．
21	6 138		86	
22	5 865	32.4	50.9	
23		42.0	66	

（注）『新潟県酒造史』pp. 549～550，『秋田県酒造史本篇』pp. 465～466 による．

（4）三倍増醸法およびアルコール添加の実状と反省

三倍増醸法が生まれたわけ

日本酒は米からできた醸造酒とされているが、その内情は標榜しているものとは大違いである。現在の表示基準でいう「純米酒」と表示基準該当外の「米だけの酒」以外は、米以外の原料も用いている。

「本醸造酒」は米とアルコールからつくられる。「純米」「吟醸（大吟醸）」「本醸造」と表示されていない酒のほとんどは、アルコールや糖類をも原料に使っている。残念ながら今日の日本酒の量のうえでの主流は、三倍増醸法でつくられたものが調合された酒である。

戦後の混乱期に生まれた三倍増醸法、それが生まれた当時の環境をふり返ってみよう。

〈当時の原料米と醸造数量〉

清酒の醸造量は昭和四八、四九年に最大となり、九〇〇万石を超した。最近はだいぶ少なくなって六〇〇万石を切った（平成一二年）。戦前は大正中期の五〇〇万石が最大量であった。

表2に昭和一二年と戦中・戦後の数値をあげた。昭和二二年の五〇万石という数字は、最大の年と比べて五・五％、最近の八・三％ほどである。このころは清酒が酒類のトップの座にいた。われわれ左党の先輩たちはどれほど「乾き」を覚えていたことか。

〈原料米の割当て状況〉

また昭和一八年には、飲料アルコール原料の甘藷が予定を大幅に削られている。軍需用の燃料アルコール原料にまわされたのである。そして、甘藷は昭和二四年に統制を解かれ、アルコール蒸留設備を持つ酒類メーカーが潤うことになる。

〈三倍増醸法（酒の原料として糖類やアルコールを添加する方法）の受入れ〉

三倍増醸法は終戦前、満洲（現在の中国東北地方）で関東軍（現地駐留の日本軍）へ酒を大量に供給するために発明されたという。そこでも米は貴重品だったらしい。戦後復員して酒づくりの指導にあたった長島長治氏らが発明したといわれている。酒の原料としてアルコールと甘味料を入れ増量するこの方法を「発明」という言葉で聞かされたところからも、それなりの難しさ、危険性があったのだろう。

さる著名な蔵元がこういった。

表 3　三倍増醸法試醸酒蔵数
（昭和 24 年 12 月にスタート）

昭和 24 年	200 社
25 年	997
26 年	2 900

（注）『酒造通信』『新潟県酒造史』による.

「消費者に甘い酒を飲ませようと、三倍増醸の試験醸造を引き受けました。県内ではそれを行うところがいくつもなかったのです。多分、うちだけだったのではないでしょうか」。

きっとそれは、当時の醸造技術レベルから見れば危険をともなう冒険だったのだろう。また、この三倍増醸法が試みられる前年に大量の腐造が発生している。この腐造の真の原因は突き止められていなかった。三倍増醸法試醸の希望者が少なかったのは、これも一因だったかもしれない。

三倍増醸法試醸酒蔵数は、表3のように初年度は意外に少なく、その結果から急激に試醸に参加するものが増えていった形跡が見られる。

昭和二七年は試醸域を脱したので、三倍増醸を希望する者に広く開放され今日に至っている。

三倍増醸の是非

それに対しては賛否両論がある。

戦後の昭和二四年に取り入れられた三倍増醸法は、のちに酒づくりの堕落だと評される。だが、当時の原料米事情からすると名案であったはずなのだが。

三倍増醸法は名案であったか、堕落であったか。ひそかな声の擁護論、声高な罪悪論、それらを論じるとき、発言の立場をはっきりさせる必要がある。ここではそこまでを論じるつもりはないが、立場については私見を明らかにしておく。

〈酒は米のみからつくられるべき――アルコール・糖類の添加は廃止すべしという「伝統文化論」〉

現行の酒税法の枠のなかで論じても正論にはなるまい。酒税法改正運動を起こすべきである。つまり、伝統的酒づくりによるものと、米以外のものを添加したものを酒税法で明確に分けなければ、伝統的なものは大きな原価の差を吸収しきれないからだ。

それを行わずに論じる場合は、現行酒税法のなかで「文化を守るため、または自己の信念を貫くため」、価格のハンディを背負って純米酒をつくり差別商品として市場に出す戦略を実行せざるを得まい。

自分が正論として「酒文化を守るから、他もそれに倣《なら》え」と他に強制はできない。

〈三倍増醸法は認められないが、アルコール添加（制限付き）はよしとする――アルコール添加を技術進歩とする論（三倍増醸法を増量と見る）、またはアルコール添加は江戸時代からあった「柱焼酎添加法と同じだから伝統技法の一つ」とする論〉

前項と同じである。本醸造をよしとするなら、三倍増醸法の実態をディスクロージャーし、アルコール添加はどこを限度としてよしとするか、はっきり線引きすべきである。それとともに、純アルコール一二〇リットル／原料白米トンの根拠を明示すべきである。

元禄期にあった柱焼酎の鈴木家の文書では、米一トンに一二〇リットル添加したのは焼酎であった。純アルコール換算ではない。

〈三倍増醸混和酒は五〇年の実績を持ち、消費者に清酒中で最も愛飲されているものである。純米酒、本醸造酒と差別すべきではないとする論。また、酒税の低い焼酎、ワイン、その他輸入などによる安価なアルコール飲料には、この製法でなければ対抗できぬとする論〉

原材料、製法、酒税において、どうなっているのかディスクロージャーしてもらいたい。そのうえで三倍増醸酒を安価供給すべきであろう。

消費者の立場

消費者としては、酒類の持つ最大の欠陥である二日酔い、健康不安、習慣性などについての情報を、他酒類、他製法も含めて明らかにしてもらいたい。そのうえで「味」「好み」「価格」「その他」を勘案して飲む酒類、製造方法を選択したいのだ。

戦後の緊急避難的製法を、米余りといわれる今日まで通用させているのはおかしいというほかない。

三倍増醸法是非論は、それぞれが立つ位置をはっきりさせてやるべきである。文化論、伝統論、技術論、実利論、いずれも結構である。足元をはっきりさせずに論じたのでは、実りは得られない。足元を隠して論じたのでは人を説得できない。

軍需用燃料としてつくられた工業製品を水で薄めて飲む。正体のわからない混ぜものの入った酒。

生産者・産地のわからぬ酒。これらは国際的にも広がっていくであろう。消費者としては、現在まだ隠されているさまざまな情報をディスクロージャーしてほしいのだ。

飛躍的な引用になるが、日本のブロイラーはまだ合成蛋白を食っていない。人間のほうが怪しげなものを飲まされている。

どこかで消費者も気づくはずである。消費者が酒税法改正に立ち上がったときは、現行酒税法とともに現在の製造業者も葬られることは明らかである。清酒製造業者は自らの手で酒税法改正の扉を開けねばならないのだ。

5. 戦後の品評会の動き

品質を求めて酒をつくる者たちの目標であり品質を競う場は品評会である。

商品として経済行為のなかで成果を競うのと違って、品評会の場は宣伝や過去の実績などの影響はない。あくまでも品質そのものの一本勝負で、酒蔵の規模の大きいものも小さいものも同じ土俵で対等に戦える。

品評会の場で競われる品質はそのまま市場性につながらないかもしれないが、意図した設計品質にいかに正確にアプローチさせるかという製造技術を磨くには最適である。そのうえ、戦前華やかに開かれた全国清酒品評会（昭和一三年をもって中止）から、多くの地方有名銘柄が誕生している。

明治後期にスタートした全国規模の二つの品評会のうち、一つは褒賞も何もなかったらしいが、それでも数十、数百の蔵が参加していたのは、純粋に品質を競うという興味に駆られてのものだといえる。

戦中にあっても、物資が窮乏状態の終戦直後でさえも、他の時期と比べればささやかだが、品評会の炎は燃え続けていた。残念なことに、その詳細を伝える資料は少ない。吟醸の軌跡を辿るために、その揺籃《ようらん》であるこの時期の品評会を調べた。

全国新酒鑑評会

大蔵省醸造試験所では、戦前に業界を沸かせた全国清酒品評会とは別に、ささやかな品評会を開いていた。

春、酒の業界は酒づくりが終わる。蔵ではできた酒を貯蔵桶に囲う。そのころ、全国から十数社を選び酒を取り寄せて成分を分析する。その年の傾向を調べるためのものだったのか、始まりは明治四四年春であった。

そこに集めた銘柄は、いい酒と評判の酒である。分析してそれで終りというのではもったいない。酒の技術指導と鑑定のプロの彼らは、集まった酒の品評を行った。たかだか、十数点から数十点である。これが九〇年もの歴史になろうとは、当事者たちも想像しなかったのではないか。

技術者の慰みに始めたであろうその品評の結果が残っている。そしてこれが今日まで続いている。

全国新酒鑑評会がそれだ。

大規模な「全国清酒品評会」が昭和一三年をもって終わったあとも、「全国新酒鑑評会」は続き、戦時中も続いていた。試験所が大空襲で焼失した昭和二〇年は休んだが、二一年には復活した。平成七年に東広島市に移転するために休んだ以外はずっと継続され、二一世紀に入ってもその記録を伸ばしつつある。

知られざる品評会とその記録

昭和一三年をもって終わった日本醸造協会の「全国清酒品評会」は、昭和二七年、日本酒造組合中央会（その当時は日本酒造協会という名称だった）の手によって復活される（後述）。そう記録されているし、酒造組合によって開かれた品評会には「復活」という言葉がつけられている。だが、その間に知られざる品評会があった。

それはもしかしたら正統派かもしれない。「復活」と自称した酒造組合の開催の前に、吟醸を奉信する人たちが吟醸酒の品評会を早くも復活していたのかもしれない。だが、この六年にわたる品評会については語る人もなく、私の知るかぎり、唯一の記録以外にその内容を示すものもない。

記録は、山田正一先生の著書『酒造』にある。実は、この本の資料がきっかけとなって、私は吟醸酒を育てた「全国清酒品評会」「全国新酒鑑評会」の歴史に踏み込むこととなったのだ。

戦前、昭和一三年で終わった日本醸造協会の全国清酒品評会の記録に続いて、昭和二一年から二

表 4　昭和 21～26 年の全国清酒品評会上位入賞記録

年	第1位	第2位	第3位	出品点数
昭和 21 年	真澄正宗（長野）	真澄正宗（長野）	真澄正宗（長野）	387
22 年	岩の井（千葉）	五橋（山口）	明眸（愛知）	244
23 年	誠鏡（広島）	明眸（愛知）	真澄正宗（長野）	—
24 年	真澄正宗（長野）	明眸（愛知）	誠鏡（広島）	386
〈ここから手書き〉				
25 年	誠鏡（広島）	神楽盛（岐阜）	大悦（広島）	—
26 年	旭菊水（広島）	菊の世（愛知）	賀茂鶴（広島）	—

（注）　＊ 出品点数の — は書込みがない.
山田正一『酒造』日本醸造協会，昭和 27 年による.

六年までの上位三位のリストと出品点数がある。その部分の全文を表4に示す。表の昭和二一～二四年分は印刷されたものであるが、後半の二五、二六年分は万年筆で書き込まれたものである。

これだけの記録がありながら、詳細はわからない。語る人もいない。何か問題があったのかもしれない。思いつく点をあげて、この記録の真実に迫ってみよう。

まず、山田先生の記録は「全国清酒品評会」の欄、昭和一三年に中止されたあとに続いていることである。察するに、日本醸造協会が主催したものであろう。

だが、戦前は隔年開催であった。この部分は毎年開催されている。規模は戦前の二千～四千点という出品数に比べれば、一〇分の一程度の大きさだ。さらに、この時期に開かれていた醸造試験所の全国新酒鑑評会の出品点数よりも少ない。もしかしたら、戦後の混乱期にあって、私的な機関が私的に開催したものなのであろうか。だから結果だけは残ったが、詳細は消滅したか、させられたか。

この稿がまとまったあと、吟醸酒研究機構世話人の高瀬斉氏から、この品評会の存在を示す資料をいただいた（山田正一著『風土記』昭和五〇年、毎日新聞社、三六頁）。そのなかに、

「吟醸酒と鑑評会は、昭和二一年から二六年までは、全国品評会に代わって古酒の鑑評会が醸造試験所で行われた」

とある。

これを見ると、開催場所は醸造試験所に間違いないが、主催者は試験所であったか日本醸造協会であったか、それとも別の機関であったかは依然として不明である。

この品評会をめぐるエピソード

この期間の品評会だと思うのだが、これを舞台に「名誉を競った」と思われる伝聞がある。長野県大町市にある「白馬錦」の醸造元薄井商店と付き合っていた昭和四三、四年ごろに聞いた話である。

この蔵の花岡嘉金司杜氏は、前任蔵の「大雪渓」で優秀な成績をあげ、その酒は最も高貴といわれるところに献上されたほどの名杜氏だというのである。その名誉ある酒のことを「献上酒」ということも。

私は花岡杜氏にそのことを聞いた。だが口数の少ない人で、詳しくは語ってもらえなかった。私が吟醸酒の歴史を追う立場になろうとは、当時、夢にも思っていなかったし、よしんば私がやらな

くても、それを実行した機関が、それなりの記録を残しているものと思っていた。惜しいことをした。

古い話なので、内容の記憶は定かでない。献上酒の選考の場は間違いなく「品評会」だったのか、選ばれたのは「上位三位」だったのか。

花岡杜氏と話した時期は間違いなく昭和四三、四年である。その話しぶりからすると、「献上酒」は昭和二〇年代のことだったようだ。それが三〇年代とすると、符合しない点が出てくる。

昭和二〇年代に「献上酒」があって「品評会」の上位入賞酒がその名誉を得たとすると、選考の場になったのは醸造試験所主催の「全国新酒鑑評会」は無理であろう。なぜなら、順位は正式には公表されなかったからである。「金賞」は瓶に金紙ラベルを貼るだけだった。賞状が出るようになったのは昭和五五年からである。それ以前の「金賞」は参考記録のようなものだと、主催者の醸造試験所は正式にコメントしている。

献上酒のこと

では、「献上酒」を選んだのはどの場だったのか。それは「隠れた品評会記録」の場しかない。それ以外に考えられない。

昭和二七年に酒造組合が「復活」と唱えて「全国清酒品評会」を引き継いだ。こちらは隔年開催で入賞順位を発表しないことを条件に発足しているから、「献上酒」選考の資格はない。と同時に、酒造組合が品評会を引き継ぐにあたって「献上酒」制度もなくなったのではないか。

この品評会には、かつて品評会をボイコットしていた者も参加している。そのなかのいくつかは「御用達」を看板にしていた。それが名もない地酒と並べられてはということで、「献上酒」が廃止されたのではないか。

日本酒は「国酒」であるという。それなら、国技の大相撲並みに○○賞があってもいいという声がある。国技でもない競馬にも、国民体育大会にも○○賞はある。サッカーにもラグビーにもある。賛否は別として、歴史的に見れば確かに酒にもあっていい。それがないのは、ある時期にこちらから断ったいきさつがあったのかもしれない。

経緯はともあれ、品評会上位銘柄が「献上」されたのなら、その記録を見たいものだし大事にしたいものである。

私は吟醸酒に興味を持つと同時に、その歴史にも興味を持った。約二〇年間、そのことを会う人ごとに話した。それが実って、戦前の全国清酒品評会を知り、そのノンフィクション小説を書き、全記録の復刻出版にも辿り着くことができた。

「献上酒」についても、「こういうのがあったらしいが……」と会う人ごとに話し続けた。

平成八年暮、ついに確かな手応えを得た。相手は広島県三原市「旭菊水」醸造元の大藤直也氏（昭和一二年生れ）からである。同社は銘醸として名高い。品評会においても数々の成績をあげており、それらについても会話を交わしていた。献上酒の話もした。彼は「父（故人）から献上酒のこ

寫

昭和二十六年十二月二十五日

宮内廳長官官房總務課長西原英次

國税廳長官 高橋 衛 殿

一、清酒 旭菊水 貳升

右

天皇陛下へ献上被致候に付御前へ差上候

此段申進候

とを聞いた」という。いずれ額に入った数々の賞状などを整理したいといっていた。

額を下ろし、中身（多くの例では額の裏側に他の賞状、その他の資料が隠れているものだ）を調べたら上記のものが出てきた。宮内庁の書状の写しである。

それを私に報告しながら、大藤氏はこう語った。

「献上酒は、上位六点をその筋に差し上げると聞いていました。当時は小学生ですから、興味もありませんでしたし、記憶も定かでありません。

父は、大変なところに酒を納めるのだと申して、桐の箱を誂《あつら》えるなど大騒ぎでした。それに、その証しが欲しかったのでしょう。できれば注文書のようなもの、納入の指図書のようなものでもいいと関係筋に粘ったようです。

それがこの書類なのでしょう。父は大事なものだといい、他の賞状と並べて、額に入れて飾ったのです。何が書いてあるか、下からは見えませんでしたが……。

なんでも、六位までが〝献上〟されたと聞いています」

大藤氏の話で、品評会で優秀な成績をあげた酒が、その筋に献上されたことは間違いない。だが、それを証す注文なり命令の書面は発行されなかったようだ。もし、御印の花模様のついた書面が発行されていれば、受け取ったほうはそれを大事にしたであろうし、多くの蔵にそれが残って今日まで語り継がれたであろう。

山田正一先生の記録の昭和二六年の第一位は「旭菊水」であるし、花岡杜氏が醸出した「大雪渓」は同年の全国新酒鑑評会で第一位になっている。「大雪渓」は品評会で六位以内に入ったのであろう。

過去にあったものは努力すれば痕跡が出てきて、やがて全容がわかることもあるのだ。それを期待しよう。なお、「献上酒」については、このあと次のお二人から情報が寄せられた。

杉内米子氏（埼玉県、酒販店主）

「愛知県の柴田合名会社「明眸」さんに「献上酒」の記録が残っています」

宇野功一氏（熊本県、酒販店主）のパーティーで会った元税務署職員の方

「昭和二〇年代に、「西海」（熊本県）の蔵で「献上酒」をご馳走になったことがありました」

新たな酵母の発見とその影響

昭和二一年春、各地から全国新酒鑑評会に集められた三四六点のなかで、長野県諏訪市の「真澄」

が一位から三位までを独占した。同年秋の全国清酒品評会でも、三八七点中やはり「真澄」が一位から三位を占めた。

大正時代の後半、「真澄」は長野県の酒蔵の多くが吟醸先進地の広島県から杜氏を招くなかで、地元の諏訪杜氏を育て、戦前の全国清酒品評会で活躍した銘醸蔵である。古い記録を見ると、昭和一八年に全国新酒鑑評会で一位を得ている。

この昭和二一年の全国新酒鑑評会・全国清酒品評会での「真澄」の好成績があって、醸造試験所所長になる山田正一先生は「真澄」の醪から酵母を採取した。「協会七号酵母」である。

昭和一〇年、秋田の「新政」の蔵から分離された酵母が醸造協会の六号として登録されたのも、全国清酒品評会における好成績によるものだった。そして、この年を境に醸造協会の培養酵母の頒布量が急増する。

「真澄」の酵母が頒布されるようになって、「新政」の酵母のときと同じように協会培養酵母の頒布量が急増する。これは戦後の経済の回復にともなって清酒製造量が増えたこともあるだろうが、これを期に、酒の品質が酵母の種類の選択に負う時代に入ったといえる。

協会酵母の柱となった六号（新政）と七号（真澄）は、発酵中の泡の状貌（醪が進んでいくに従い泡の形が変化する様子）も違うし、できた酒の品質や香りも違うといわれる。これらを選択することによって、つくろうとする酒質のおおよそも決まる時代になるのだ。

酒づくりの要点を示す標語に、「一、麹《こうじ》　二、酛《もと》　三、醪《もろみ》」というのがある。ここでは麹工程がトップにあげられている。麹づくりは、いまなお酒質との因果関係がはっきりと解明されていない。それだけにマジックボックス的な興味もある。だが、現代の酒づくりでは、出来上がった酒質を決める要因は「酵母」の特性によるところが大きい。

目的品質を設計するのに、原材料（水も含めて）や酵母・麹菌の微生物の選択、各工程の選択など総合的な管理は必要であるが、現在は酵母を選ぶことによって、目的とした酒質にアプローチすることに重きをおく微生物工学の方向である。

戦後の混乱期に「真澄酵母」が発見され、それが広く頒布されたことは、酒造技術史のなかの大きな折り目であったことは否めない。

さらに昭和二八年ごろ、九号酵母が熊本県酒造研究所の野白金一氏によって発見され、茨城県水戸市にある明利酒類の小川知可良氏が昭和二七年ごろ東北地方の酒蔵の醪から発見したものが一〇号として協会酵母に加わる。

これらも品評会が生み出した大事な財産なのである。

第2章　昭和二七年から三〇年代

実のない試行と虚ろな発展

1．全国規模の品評会を望む声

（1）品評会再開への思惑

アルコール添加法や三倍増醸技術も定着し、清酒業界は経済的に黄金時代を迎える。そのことは来るべき競争時代への導入部であった。

経済の復興とともに酒造業界に集中の傾向が現れる。伸びるものとそうでないものの差ができる。製造数量は、まだ総枠も個々の蔵の割当てもきっちり決められていた。それは過去の実績を基本とし前年の伸びでわずかに修正されるものであるから、割当て量は蔵の権利と化していた。

割当て以上の需要を持つ蔵へ、割当て分を消化できない蔵からものが動く。桶買い、桶売りが活発になる。酒は瓶詰めされる以前の中間製品の形で、酒造免許を持つ酒蔵同士が取引きすることができる。これを桶取引きというが、この表現では実状が生々しく表れすぎるためだろうか、未納税取引きという業界用語を使っていた。酒の課税は、瓶詰めされて蔵から出るときに課せられる。桶取引きはこの例外なので、蔵から蔵へ移動させても課税されない。それで桶取引きのことを未納税取引きと言い換えたのだ。

このころ、瓶詰めして市場に出すより桶売りのほうが儲かったといわれた。それでも伸びるところは伸びた。経済の冷酷なメカニズムが働く。

販売競争時代来る

宣伝がものをいうようになって、数の多いものが有利になる。大手ブランドが伸び、都市部のシェアを上げる。余力をかって地方進出を図る。地方にいても地酒間で競争が起きる。そんな環境を背景に、昭和二四、五年ごろから全国各地に品評会・鑑評会が復活し始めた。それらは業界内のものであったり、杜氏たちの持寄りのものであったり、各地の国税局主催のものであったりと、さまざまであった。

手元にある平成九年春の関東信越国税局酒類鑑評会には「第四六回」とある。これは現在、年二回開かれている。以前は年一回だったそうだ。この四六という回数は、官庁組織が税務監督局から国税局に変わったときに再開して数えているのか、それとは別に始まったのかわからないが、昭和二四、五年ごろにスタートしたと思われる。

今日まで続いている「全国新酒鑑評会」も、戦前のものを引き継いだと思われる「全国清酒品評会」も、ともに昭和二一年に再開されたと書いた。だが、新酒鑑評会のほうは戦前の清酒品評会とは比べものにならない小さい規模だったし、私が本書でいう昭和二一年からの清酒品評会はその鑑評会よりさらに小さく、戦前の品評会ほどその存在は知られていなかったようだ。

ブランド力をつけたいもの、名誉が欲しいもの、そして最高品質を求めるもの、業界の多くのものが戦前の昭和一三年に終わった「全国清酒品評会」の復活を望んだ。一部、大手といわれる蔵はその動きには反対であっただろう。なぜなら、兵庫県灘五郷酒造組合は大正一三年に品評会をボイコットしており、市販数量実績では優位を誇っていても、品評会品質を醸出することは得意ではなかったからである。また、伏見の大手も昭和三年から品評会へは出品していない。

業界がこんな歴史を持っていては、それを復活させようとしてもスムーズにはいくまい。

戦前の品評会の主催者は、財団法人日本醸造協会であった。この団体は、明治三七年に国立の醸造試験所ができたとき、それと民間の間の機関として創立されたものである。学術団体で、学会の構成は清酒だけでなく、他の酒類、味噌・醤油、調味料、その他醸造、発酵関係の産業を網羅している。

戦前の品評会は清酒単品のものではなく、味醂《みりん》、調味料も含まれていた。第1章で昭和二一〜二六年の「幻の」全国清酒品評会の存在を指摘したが、それはあくまでも清酒単品の品評会だったのであろう。

品評会復活論が盛り上がっているのは清酒業界だけである。この業界は大蔵省管轄で酒税という絆で結ばれているから、組織はまとまっていた。日本醸造協会は、清酒だけのための品評会を開催しきれなかったのであろう。

そこで新たな品評会復活論は、清酒業界の組合である日本酒造組合中央会へと向かった（昭和二七年は財団法人日本酒造協会といった）。

だが、全国の吟醸酒を志向する地酒酒蔵と、品評会の場で品質競争をしたくない勢力と、品評会復活に対しての思いは違っていた。それが、酒造組合という利益追求団体の一つのどんぶりに放り込まれた。

数多い品質競争志向の酒蔵と、多額の組合費を負担している大手との要望をまとめるのは難しい。品評会をやりたくない勢力にとっても、品質を競う品評会開催に真っ向から反対する理由はない。いくつかの反対理由もないではない。ごまかしがあるとか、品評会品質と市販品質が乖離するとか、小手先の技術になるとか。でも、それらは品評会反対の大義にはなり得ない。

結果は、数で押しきられたか力で押されたか、酒造組合が品評会を主催することになる。しかし品質競争の芯は抜かれた。意識的に芯を抜いたのか、この時期がそうさせたのかはわからない。復活される品評会の目標は、「市販酒の品質向上」となった。これも否定できない大義である。この目標のために、「高精米による一部の特吟的醸造を排し……」とある開催目的が掲げられた。一部の人たちにはいかに「吟醸」が嫌われたか、いや憎まれたとさえいえるようだ。

(2) 復活・全国清酒品評会——記録をそのままに

復活・品評会はなぜ語られなかったか

ここで私見を入れさせてもらう。私は三〇年来、吟醸酒の足跡を辿ってきた。それはロマンに満ちたものであったが、ここに取り上げた「復活・品評会」ほどそれについて語り継がれたものが見当たらない催しはない。なぜなのか。

業界が、自分の利益を先行させた品評会を企画しても存在意義がないことを物語っているのだ。

さらに「注」を入れさせてもらう。吟醸酒の歴史に、「全国清酒品評会」と名乗る催しは三つある。

その一は、明治四〇年から昭和一三年まで隔年に開かれたもので、全国清酒品評会、全国酒類品評会、全国酒類醤油品評会と、開催内容に従って名称を変えているが、他と区別するときは「戦前の……品評会」としよう。主催者は財団法人日本醸造協会である。

その二は、昭和二一年から二六年まで毎年開かれたものである。上位酒はさる筋に献上され、それを「献上酒」と呼んだ。この文章を書くにあたっての調査で、その存在が明らかになりつつある。これを「幻の……品評会」とする。主催者は前記の日本醸造協会らしい。

そしてここに取り上げるものが、その三である。主催者はこれを「復活」と呼んでいるので、前記「幻の……」と区別する必要もあり、ここでは「復活・品評会」とする。主催者は日本酒造組合中央会である。

本筋に戻ろう。復活・品評会を語る人がいないので、私は唯一の資料として、主催者である日本酒造組合中央会が編んだ『酒造組合中央会沿革史』第三編・第四編を拠り所にしている。それをできるだけ冷静に読んでみても、復活・品評会は消え去るべきトレンドを辿ったとしか解せない。品評会が消え去るべき運命を自ら孕んでいたのは、これを策定した者の自縄自縛でいいのだが、「吟醸」の品質と心意気まで巻き込むことになったのは、吟醸にとって取返しのつかない不幸であった。

業界をほとんど網羅したと思われる規模。再現不可能な動員力。そこになぜ「語るべきロマン」のかけらも残らなかったのか。品質を競うという肝心のコンセプトが欠けていたからである。芯を抜いたからである。

沿革史

この二つの規則は、品評会用の特吟酒を排除し、市販酒全般の品質向上を目的とした品評会開催のために制定されたものである。

すなわち、特吟排除のために、品評会規則第三条には最低在庫量限度、精米最高限度、粕歩合最高限度、アルコール分最高最低限度など、当時開発されていた酒造技術では特吟酒の醸造ないし貯蔵熟成が不可能な規定を設けた。また同じく第四条には、不正出品を防止するため、税務官吏の立ち会い採取を行うことを規定した。

さらに市販酒出品をうながすために、第五条に、業者の製成石数と貯蔵容器数による出品資格と出品義務を定め、少量の醸造と貯蔵をなしている特吟酒のみの出品を防止している。

また品評会審査規則第五条に、市販酒の審査に重点を置くことを明らかにすると共に、品評会規則第五条を補強するために審査規則第十条によって、くじ運的幸運による上位入賞を排して、一酒造場の出品全部の平均得点による酒造場表彰制を取り入れた。

これは出品酒に対する個別表彰制にともなう悪弊を除いたものである。同じく第十一条には受賞者名簿が成績順配列で作成されないよう配慮し、特定出品者の名誉だけを強調しないように作成することを取り決めている。

また、審査方法は、官能審査を踏襲したが、戦前の評点が色沢、香り、味の合計点が一〇〇点満点に対して減点する絶対評価法をとっていたのに対して、本規則では五段階区分による順位比較の相対評価法を採用したことは、官能審査という極めて人間的な審査において一〇〇区分を行うという前者の神業的な審査基準のあいまいさを正すことになった。

以上のように、戦前の品評会審査において問題となった点を数多く改善した規則を制定した。ここにいう二つの規則とは、「出品規則」と「審査規則」である。前文にあるように、この品評会は「品質」を高めるためというより、ひとえに「吟醸」を排除することのためにあったとさえ思われる。そのために、どんなことを規則化したのか、逐条、それを追ってみよう。

全国清酒品評会規則

第一章　総則

第一条［目的］本品評会は全国醸造業界の現状に鑑み、過度の高精米による一部の特吟的醸造を排し、主力を清酒全般の酒質の向上に置き、清酒本来の濃醇味に富み、一般消費者に愛好せられ、真に市場価値の高い酒質とするため、醸造技術の改善を促進し、併せて経営の合理化に資することを目的としてこれを開催する。

とある。冒頭に「特吟的醸造を排し……」とあるのに驚かされる。

そのためにどんな規則をつくったのであろうか。沿革史にある最低在庫量と製造条件の制限を示す。

第三条［出品酒の貯蔵・製造要件］（要約）

在庫条件——

出品酒採取当時、一容器に一〇石（一八〇〇リットル）以上清酒が現存。酒造が異なるもの（一〇石以上）が二個以上が現存。

製造条件——

①精米度：三割以下（精米歩合七〇％以上）

②粕歩合：一二貫匁以下——合併元も一二貫匁であること——（粕歩合は原料白米一石（一五〇キログラム）当りの酒粕重量を指す——一二貫匁は四五キログラムであるから、現在の酒粕歩合に直すと四五÷一五〇〇＝三〇％となる）

③アルコール分：一八％以上、二〇％以下のもの

精米歩合と酒粕歩合を厳しく縛ることによって、吟醸を閉じ込めようとしたものと考えられる。

第二章　出品

第五条［出品点数の算出］（要約）

原則──

1. 製造場一場につき最低二点以上の出品を要す。

2. 出品は一〇石以上現存の容器から採取すること。

3. 製成石数×〇・一ごとに一点。かつ（一〇石以上貯蔵の）異なる容器の数を限度とする。

4. 製成石数が四〇〇石以下の場合は

4・1　現存清酒四〇石ごとに一点

4・2　容器一〇石未満を含む現存清酒が四〇石未満の場合

一〇石以上の収容容器全部の数

4・3　一〇石以上の収容容器が一個の場合は失格

出品点数算出法──

5. 製成石数二〇〇〇石以上の場合は、現存清酒÷二〇〇石の点数に止めてもよい。

これまたややこしい規定である。原文はもっと難しい。何のことかしばらくわからなかった。なぜこんな面倒な規定をつくったのか。これも吟醸の少量酒の出品を阻止するためであった。一〇〇石（一八〇〇〇リットル）未満の貯蔵酒は出品失格とした。そして一場二点以上を最低とし、多点数出品を義務づけることで吟醸づくりの独走を食い止めようとした。

これればかりではない。次の審査方法、表彰区分、吟醸を追い出すのにここまでやるかと感心させられる。

第十一条　審査は官能審査で必要あれば理化学的分析も。

第十二条　表彰区分は「優等賞」「特選賞」「入選賞」とした（が次回からは優等賞のみとなる）。

審査規則

第四条　審査は色沢・香味を総合して五段階に区分。

第五条　品質判定は

1. 酒質が健全で色沢が良好、「テリ」「サエ」を具備、香味が調和して醇良かつ濃味で市販清酒として一般消費者に愛好され、市場価値の優れたものを上位とする。

2. 最高精白度三割以上の高度精白米を使用し、または粕歩合一二貫匁以上にも及ぶと認められるいわゆる不経済酒に関する酒質のもの、もしくは活性炭使用のため、清酒特有のゴク味に乏しく、酒質淡麗に過ぎるものはこれを排する。

第九条　品位の階級に、A＝五点、B＝四点、C＝三点、D＝二点、E＝一点、F＝0点を付す。

第十条　第九条の評点を蔵ごとに集計し、これを出品数で割り、得た平均点数によって蔵ごとに優等、特選、入選をあたえる。

まだあった。競争をしない品評会は、その趣旨を念を押すように、次の一条までついている。

第十一条　受賞者名簿　第十条の等級が同一のものは、出品数の多いものを先に、同一数の場合は五十音順または都道府県順などの方法で名簿を作成する。

再びいう。私はこの品評会の主催者が編集した『酒造組合中央会沿革史』をもとにして、隔年で四回、九年にわたって開かれた概要を述べた。

何度読んでみても、ロマンのかけらも感じられない。ただ、吟醸排除の情熱に呆れるだけである。吟醸の心を持つ人々が、私にこの品評会について何も語ってくれない理由が理解できる。

吟醸の心のある人は、心して読むがいい。原本の『酒造組合中央会沿革史』第三編、第四編は業界関連のいろいろなところの本棚に麗々しく飾ってある。そして、品評会が駄目になる轍を研究する糧にしてほしい。

表 5 復活・全国清酒品評会 出品・受賞データ

回	年	出品場数	出品点数	優等賞	特選賞	入選賞	合 計	受賞率
第1回	昭和27年	1 269	3 817	580	320	246	1 146	—
2	29年	2 044	6 382	1 195	—	—	1 195	58%
3	31年	2 683	6 759	1 963	—	—	1 963	73%
4	33年	3 115	7 118	2 261	—	—	2 261	72%

昭和二七年一〇月二一日に審査開始。一一月一七日に褒章授与式、翌一八日きき味会（きき酒会ではないことに注意）の予定であったが、これがどのように行われたかはわからない。

(3) 空前規模での復活

表彰制度

全国清酒品評会と名のついたものが三つあると書いた。戦前のものは、表彰式会場に東京宝塚劇場を買い切って行ったという。当然、タカラジェンヌのレビューがついていたであろう。表彰式の進行にはショーの衣装をつけた美女たちが進行係をつとめたか。とすると、それはそれは豪華であったろう。

しかし、「復活」のほうは規模において「戦前」を上まわっている。だが、表彰式や規則では行うことのできた試飲、即売などはどうであったか。そちらの話は私にまったく聞こえてこない。業界を網羅した出品場数や膨大な出品点数は、人の心を動かさなかったのであろう。

復活・全国清酒品評会は、第二回昭和二九年、第三回昭和三一年、第四回昭和三三年、と進む。規模は、第二回昭和二九年で戦前の昭和一一年第一五回を上まわった。その間に、いろいろ問題が提起されていたのであろうが、その内容はわからない。

品評会規則、審査規定

品評会規則、審査規定が変更され、その記録はある。それらを並べてみる。

第二回昭和二九年
粕歩合の上限を一一貫匁（二七・五％）に。
出品酒は試験所でアルコール一六度に加水して審査にかける。
表彰は優等賞のみとなる。
審査員は官庁から五人、製造・流通から一一人。

第三回昭和三一年
出品酒は一六％に加水して出品すること。
出品数は製造石数で四段階。最小二点。

第四回昭和三三年
審査員数一九人に。

第二回に変更された粕歩合一一貫匁というのは、現在の酒粕歩合で二七・五％である。これは現在なら普通酒といわれるものの数値である。

この間、審査長を勤めた山田正一醸造試験所長の「審査報告」から一、二拾ってみる。

審査報告・第二回

「いわゆる吟醸香の問題でありますが、この品評会はあくまでも市販酒とされたのでありまして、今回この種の品評会におきまして、かつての極端な吟醸を競う愚を再現する必要は少しも無いことを示しております」

第三回

「出品二六八三場中、七三・一％の一九六三場が受賞したのを受けて――本品評会の所期の目的の大半が達成されたといっても過言ではなく……」

「いくつか加えたいことがあります。すべての競技と同じく、品評会も定められたルールに従って技を競ってこそ意味があります。規約違反の酒を出品されて、たとえよい成績をおさめられたとしても実はナンセンスであります。

これは皆様の品評会であり、これを成功させるか否かは、掛かって出品者の心構えにあることを想起され、将来の品評会をしていっそう重みあるものにされたいと希望致すのであります」

山田先生の文章に、意味の込もった「うら」があると思うのだが、そこまで私見をいうのはやめよう。

（４）全国清酒品評会の中止

この品評会は昭和三五年になって開催をとりやめる。そのいきさつについても『酒造組合中央会沿革史』を引用する。

> 中央会石川会長
> 今回は全国清酒品評会を開催する年に至っているのでありますが、この問題に就いては、相当の批判もありますので、昨年来種々研究を重ねて参ったのでありますが、それらの弊害を除去するのによい改善策が見当たらないため、本年は開催しないことに決定いたしました。
> その旨、「酒造情報」によって通報申し上げた次第であります。

と述べただけで詳細の事情の説明を避けているので、業界内部にあってどのような議論が行われたのか明らかでなく、これに関する文献も見当たらない。

しかし、次の一文はおそらくその間の消息をある程度伝えて余すところがないと思われるので、ここに引用を許していただく。

品評会はどうあるべきか。まず、いまの品評会の行き方をそのまま認めて、特別に改善の必要なしとする意見。つまり現状維持論である。これは優良な市販酒の品評会の性格を認め、これを行うには結局現在の行き方以外に方法はないというのである。

もっとも、ここに市販酒の品評会としても他に方法がないわけではない。ある意見では、実際に市場に出ている酒を集めてやってみてはどうかというのである。だがこれは出荷時期の相違によって酒も違ってくるだろうし、またこれを全国的に集めてきて品評会をやることが実際にできるかどうか。（省略）

（外池良三『清酒品評会記』より要約。日本醸造協会雑誌、第五三巻、一一号所載）

主催者である日本酒造組合の編集のままを載せた。当事者の話は何も載せず（編者は「文献が残っていない」といっているが）、醸造試験所の技術者外池氏の文章を引用せざるを得なかった事情は推して知るべしである。

（5）中止の理由

全国清酒品評会は、昭和三五年の第五回を開催できず続行を中止した。それは同年三月一日の理事会で決定されたものである。中止のいきさつは発表されていない。

主催者である中央会の沿革史に、自らの発言でなく、第三者（前出の外池良三氏）の言葉を借りなければならなかったところに、ブラックホールのような「触ってはいけない」理由があったことを示している。

中止から七年を経て、中止の理由、ブラックホールを解明すべく、中央会組織内の酒造対策調査委員会が、昭和四二年二月一四日付の「〝清酒などの品評会を開催することの可否について〟の調査研究報告書」（後出）を作成したが、この報告でもブラックホールには触れずじまいだった。

以下はその膨大な調査委員会報告書の結論の部分である。これにもあるように、業界の大勢は「存続を希望」したのであったが。

〈品評会開催の可否〉

中央会では、全国品評会に批判があるので、昭和三四年一一月に都道府県組合に意見を具申したら、開催を否とするものは少なく、改善の上、開催の意見が圧倒的に多かったことは重大である。

(イ)開催を否とする　三
(ロ)開催を可とする　三〇
(ハ)従来通りの方法　四
(ニ)改正を可とする　一三

改善にはいろいろなアンケートがあり、例えば、

(イ)全国清酒品評会規則第五条二～五項を存続させるべきか。
(ロ)出品する清酒は、所轄税務署員の立ち会いを要するのか。
(ハ)審査員の構成をどうするか。販売業者、消費者をもっと入れるかどうか。
(ニ)出品点数が多すぎるので、地方予選を行ってはどうか。
(ホ)授賞の形式はどうか。優等の数を従来通りか、少なくすべきか。何%が適当か。
(ヘ)出品酒は市販酒を購入という意見もあるが、これに対してどう思うか。
これに対する各県組合の意見は必ずしも一致はしていないが、とにかく改善して開催したいという意見が多かった。

その他、鑑定官室はじめ諸先生から開催について提案がなされている。

本委員会では、以上の意見を尊重し、開催を前提として検討してみたが、次の理由によって全国品評会を開催することは困難であるとの結論に達した。

①審査基準の困難性

規則にある「品質」は、味、香り、色など、どんな酒をいうのか。「品質の調和は世界中の酒を通じての大切な基本的性格である」(坂口謹一郎氏)。調和は分析値で示されない。審査は官能的要素が主要を占めている。

各審査員にイメージアップされた抽象の美酒は、人ごとに相違するのは当然で、それが一般消費者の愛好する酒、市場価値の高い酒の性格と一致する保証はない。これは審査員が自ら認めている（「醸造協会雑誌」Ｖｏｌ．59－1、29頁）。

現在の酒と過去の酒の分析値を比べると、激しく変遷している。年々の社会情勢や税法も影響しているだろうが、その時代の嗜好の性格も示している。とすると、一般消費者の愛好する酒の性格は移りやすい。この流動性を審査基準で固定化することは困難で不合理である。「品評会優等酒は市販酒の一〇年前を先行していた」（「醸造協会雑誌」Ｖｏｌ．59－1）といわれるが、過去においてはそうであっても将来の市場価値のある酒を予想することは困難、危険である。

②授賞制度の問題――略

③審査の処理能力の問題――略

以上の三点が、全国品評会を困難とする理由であるが、このほかに、銘柄格差が開いた今日、全国的市場を保つ大企業は、特別吟醸の鑑評ならいいが、市販酒の優劣を決める品評会では問題があろう。それが羊頭狗肉の品評会に堕する恐れがあるなら、消費者、販売業者を欺瞞することとなる。業界の将来のために決してよいことではない。

戦前の品評会では、マーケティングの決定的な武器であった。現在は、マーケティングでは品評会より大事なことがあまりにも多い。

以上の理由で、本委員会は全国品評会の開催は不適当と結論せざるを得ない。

推察するに、ポイントは、出品規定の「精米歩合・酒粕歩合・アルコール分」の制限を解けというものと、固守せよという勢力の調整を主催者ができなかったところにあるのだろう。酒づくりが自由になった今日から見れば、品評会出品酒を醸すのに、「精米歩合・酒粕歩合・アルコール分」に制限枠をつけるなどナンセンスだと思われるだろう。あの当時、原料米の供給はゆるんできていた。ビールやウイスキーの台頭で市場は緊迫していた。清酒は品質の向上を図らねばならなかった。

それが時流であり方向であることは、だれの目にも明らかであったろうに。

歴史はやり直しのきかないドラマである。「もし」と「たら」は許されないが、あと一、二回、三、四年我慢すれば、品評会の価値と評価は変わったであろう。私のいう吟醸酒元年という昭和五〇年まで、あとワンストロークだったのに。

そこまでいけば、清酒業界の構造が変わったであろうし、その後、彼らがいう「国酒」の地歩も固まったであろう。だが、「精米歩合・酒粕歩合・アルコール分」規定の緩和を許さない勢力は、わずかな妥協、時間的解決策すら許さなかった。

そこに、企業の基本的なコンセプトが秘められていたからである。「生産者志向」と「消費者軽視」である。つくりやすいものをつくり市場に流すという考えと、消費者（審査員）に品質を批評してもらい、未来品質と未来市場を見出そうという考えの違いである。

当時、生産者志向とか消費者志向とかいう考えはなかっただろう。だが、歴史を顧みると、あれが屈折点であった。清酒はそれまで「国酒」であったにもかかわらず、自らその地位を降りていっ

表６　全酒類出荷量の動向

（単位：kl）

年	清　酒	ビール	ウイスキー
昭和 26 年	244 508	266 724	20 818
27 年	311 673	266 802	24 384
28 年	447 262	408 108	42 110
29 年	426 982	333 946	35 335
30 年	510 511	405 995	41 277
31 年	554 597	463 568	48 461
32 年	600 429	552 006	57 094
33 年	642 839	637 712	71 037
34 年	686 897	790 509	76 157
35 年	659 257	944 165	88 177
35年／26 年	2.7 倍	3.5 倍	4.1 倍

たのであった。

（６）日本酒の周辺

本章の初めに、「清酒業界は経済的に黄金時代を迎える」と書いた。だが、酒類業界はどうだったのだろうか。復活・品評会の昭和二七～三三年とその前後の業界の動静を調べてみる。

日本酒業界は、品評会を品質を競う場とするのか、「みんな仲よく一等賞」の行事にするのか、もめながら一〇年間を過ごした。この間、日本酒は二・七倍に成長した。その成長は日本経済の成長を映したものであったが、はたしてそれに気づいていたのだろうか。

供給不足需要過多・配給制度の継承による価格安定、アルコール添加・三倍増醸法による低原価と生産性向上、これらの上に乗った二・七倍の成長であったのに、自らの努力の結果だとして、それに酔っていたのではなかったか。

日本酒の二・七倍に対して、ビールは三・五倍に増え、量においては日本酒に追い付き追い越し、はるかに差をつけていた。ウイスキーはこの間四・一倍と猛烈な成長を遂げていた。もはや戦後は終わり、高度成長の時代に入っていたのであった。

ビール業界は宝酒造が新規参入してキリン・アサヒ・サッポロの寡占状態に楔を打ち込んだ。「トリスを飲んでハワイへ行こう」と、トリスバーが鼠算のように増えつつあった。

酒類業界では、日本酒の敵がすっくと全身を現していたのだ。それに気づかずに、「みんな仲よく一等賞」をやっていた日本酒造組合中央会の怠慢は責められてしかるべきである。

アメリカでは一九二〇～三三年に禁酒法が実施された。これを論じる文に「高価で高貴な実験」とある。原文では多分、韻を踏んでその愚かさを表したのだろうと思われる。

私は九年で四回にわたる「復活・品評会」を、「労多くして実りのない」大催事であったと評したい。

なお、この尻切れトンボの結末はまだ先にあった。昭和四二年二月一四日付の「清酒などの品評会を開催することの可否について」の調査研究報告書（日本酒造組合中央会長宛て）に続く。

2. 昭和三〇年代の吟醸酒——私の体験から

昭和三〇年代は吟醸酒にとって次のような大きいエポックがあった。

①日本酒造組合中央会主催の「全国清酒品評会」の瓦解

②東京農業大学主催のいわゆる「ダイアモンド賞品評会」のスタート

③昭和三七年の酒税改正。これによってアルコール度数が自由になり、吟醸酒の品質を損なわずに市販する道が開かれた。しかし、高級酒とするには従価税の高税率を負担しなければならなかった。

それぞれのエポックについて、つくり手はどう対処し、消費者（市場）の反応はどうであったのか。これらについては当事者の証言を待つしかない。

私はこの昭和三〇年代の吟醸酒にわずかではあるが接触している。そのあたりを、私の飲酒の実情を中心にして個人的な生活を書いてみよう。

全国新酒鑑評会との出会い

こう書くと、さも吟醸酒の通であるかのように思われるだろう。だが実際は違う。当時の私は吟醸酒など知る由もなかった。それを「見た」だけであった。だが、いま思うと、これが心のどこかに引っかかっていて、今日の私の吟醸酒へのわだかまりの第一歩になったのである。

昭和三四年（二六歳。以下しばらく、年代のあとに私の当時の年齢を付記する）春、私は長沼篤次先生の付添いで北区滝野川の国税庁醸造試験所に出かけた。そこで全国新酒鑑評会が開かれていた。審査員によるきき酒鑑評はすでに終わっていて、当日は「公開きき酒会」が開かれていた。

全国の酒蔵から任意に出品された本年度の吟醸酒（出品規定では「吟醸酒」に限定されてはいなかっ

たが、出品されたものはすべて吟醸酒であった）がすべて陳列される。林立した瓶のなかに、金色や銀色の紙片が貼られたものは品質優秀と認められたものである。

長沼先生は仙台税務監督局鑑定部長を勤めたのち、いくつかの酒蔵の技術顧問をしていた技術者である。私は大手化成品会社を辞め、麹室の設計施工も行う断熱材の会社に勤めていた。麹室の設計や技術のことで長沼先生に教示をいただいていた。

長沼先生が仙台から上京してくる。先生は足が少し不自由なこともあり、私は付添いを命じられた。醸造試験所はこの方面の権威であった。だが、たかが麹室づくりの駆出し技術屋には遠い存在であった。長沼先生に付き添って、そこへ初めて足を踏み入れた。

国電（いまはJR）王子駅から飛鳥山の脇を上がり、煉瓦の門柱をくぐった。試験所に向かう人波ができていた。それらの人々を迎えたのは、門を通って玄関に至る路地の両脇に並んだ関連業者（設備、資材、消耗品など）の展示である。それは田舎のお祭りの屋台のように野暮ったく見えた。この展示には、いずれ私の会社も麹室づくりの業者として参加することになるのであった。

試験所の玄関の向かい側にテントが張ってあり、受付と手荷物預かりのサービスをしていたが、このテントは関連業者が提供したものだったかもしれない。

長沼先生は建物のなかに消え、私は待つ。人の波は続いていた。いずれも恰幅のいい風貌で、酒蔵の旦那、名のある技術者らしく見えた。実際にそうであっただろう。参加者はこれも乏しい記憶を辿ってのことだが、二〇〇人から、多くても五〇〇人はいなかったように思える。展示場や受付にいる者と、催しに参加する者とでは、立場の差がはっきりしていた。事業主、経営者と関連業者とに明確に分けることができた。

そこで私は、鑑評会一般公開きき酒会に参加したのではない。それを催している会場を外から見ただけであった。二六歳当時の私の印象は「えらく古めかしいことをやっているな」というものだった。古い雑誌の紙のにおいを嗅いだような、「昔」を覗き込んだような気分だった。それらが明確に思い出されるのではない。ずっとあとになって、「長沼先生とあそこに行った」記憶を呼び起こし、それがいつであったかを確かめた。昭和三三年秋の「全国清酒品評会」と三四年春の「全国新酒鑑評会」が時期的に符合するが、路地の桜が印象に残っていたので三四年春の鑑評会であったとした。当時、それが何であったかの意識もなかったのである。そこに並んでいたのが吟醸酒であることすら知る由もなかった。

酔う楽しさを知る

親父と兄があまりいい酒飲みではなかったので、酒を飲みたいとは思わずに育った。飲むなともいわれなかった。正月には三つ重ねの酒盃で屠蘇《とそ》酒を飲まねば学校に行けなかった。うまいまずいでなく、その手順に時間がかかり、遅刻が心配であったのをいやというほど覚えている。

高校卒業、大学入学（一八歳）のころから飲む機会ができ、飲んだら飲めるほうだということを知った。酔う楽しさも知った。それを知らなければきっと別な道を歩んだであろうが、いずれどこかで酒に捕らわれることになっただろう。

大学時代、よく飲んだ。人の飲まないものも飲んだ。朝鮮半島系のドブロクがどんぶり一杯一〇円、トンチャン（モツの網焼き）が一皿三〇円。泡盛（一二〇ミリリットルぐらい）が三〇円、焼き鳥一本五円というのもあった。戦後の産物とされるバクダン、カストリとは遭遇していない。

大学時代のひと月の小遣いが四〇〇〇円、大卒時の初任給が八〇〇〇円。清酒の値段は覚えていないが、五〇〇円を上下するあたりだった。一升買うには決心がいった。三浦哲郎氏（小説家・芸術院会員）と対談したとき、同年輩の彼は「お銚子一本が七〇円だった。アルバイトの団地ごみ置き場清掃が一か所七〇円だったからよく覚えている」といった。そのぐらいだった。酔うために飲むには高かった。ふだんは焼酎のブドー割り、ウメ割りというもので一二〇ミリリットルぐらいのグラスで二〇円ぐらいではなかったか。その一方で、五月になるとビール会社直営のビアホールに生ビールを飲みに行ったり、ウイスキーの新製品（本物のウイスキーだと思っていた）を真っ先に手に入れて飲んだりしていたのだから、いまの素地はあったのかもしれない。

運動部の歓送迎会などの酒は清酒であった。清酒やビールを飲むのは「ハレ」の席であった。当時、福島と仙台での生活だったが、月の小遣いが四〇〇〇円あれば、まあまあ遊べて飲めた（昭和三〇～三二年、二一～二二歳）。

よく覚えているのは次の二つである。

酒販店の友人が交通事故に遭い、運動部仲間が酒屋の小僧さんを交替でやった。それを終えて手伝った一同がお礼をもらった。それは灘の有名な「S」の特級酒で、一〇本入った木箱である。各自、一本ずつ分け、残りは飲んだ。その酒には店を仕切っていた友人の姉の注釈がついていた。「これ、少し濁っているけど、飲めるのよ」。いまならわかる。火落ち酒である。有名なSの特級酒というだけでありがたかった。もう一つは、「トリスジャズゲーム」のラジオ放送クイズに応募して正解し、赤玉ポートワインをもらったことである。この二つは自分の手で稼いだものである。

社会人になっても、ポケットマネーで飲むのはもっぱら焼酎だった。初任給見習い時六〇〇〇円、三か月して八〇〇〇円になった。これは苦しかった。ギョーザにパイカルというのも覚えた。ギョーザとパイカルというのは、歌手の加藤登紀子さんの父親が大陸から引き上げ、流行らせたといわれている。同氏に会う機会があったが、そのときにいきさつを聞いておけばよかった。

酒には関係ないが、昭和三三年四月一日、売春防止法が施行された。

技術者に仲間入り

仕事が変わって酒蔵の麹室設計施工を手がけるようになっても、飲む酒は色と香りをつけた焼酎だった。取引きの関連があって、飲む酒は合成酒になる。昭和三三年（二五歳）、毎晩飲んだ。二日酔いした。当時の焼酎、パイカル、合成酒の値段は覚えていない。

昭和三七年（二九歳）ごろから清酒二級酒になる。値段は覚えていない。甘かった。二日酔いもあった。昭和三九年の年収が六〇万円であった。

池田内閣が「所得倍増論」を唱え、戦後は終わったという感じだった。テレビコマーシャルが流れ、東京の夜の街にいままでいうNBがどっと進出した。それまでは東京都内に各地の地酒がけっこうあった。それは地酒が東京に積極的に進出した結果ではなく、多くは戦中・戦後の配給時代にある地域の供給を任された結果だったようだ。

そのせいか、NBの進出（さまざまな販促もあったらしいが）にあって、地酒はすんなりと退却した。地元で堅く売ったほうがいいということだったか。

酒飲みの世界は、それまでは薄暗い「赤提灯」「縄のれん」ふうだったところへ、大衆割烹というスタイルが出てきた。店内は明るくきれいである。店で働く女性たちも小ざっぱりしていて、若いサラリーマンの相手をしてくれた。ちゃんとした板前がデザインを統一した器に肴を盛ってくれる。この飲み屋のファッションが変わって酒も変わった。テレビ銘柄の一級酒になった。たしか「準一級」というのが出て、それが「一級酒」に吸収されたのと時期を同じくしていた。

ほかに「十円ずし」というものが登場した。盛り場にはキャバレーがいくつもあった。「アルサロ」もすでにあった。

吟醸酒には出会わなかったか。出会っていたと思うのだが……。

初めての特級酒体験

私は酒販店の小僧をしたことがあると前に書いた。そのお礼に、われわれは特級酒を一〇本もらった。灘の「S」である。火落ちしていたが、まぶしいような酒だった。一同は特級酒の名に敬意を表して飲んだ。ひたすらありがたかった。

麹室屋になっての新年会（昭和三四年、二六歳）で、東北の有名な「M」の特級酒を飲むことになった。前記の長沼先生からいただいたものである。銘醸蔵「M」の特級酒は、いま想像してみると、多分吟醸酒かその調合品だったであろう。ところがこの印象がはなはだ悪かった。飲んでいるうちに頭が痛くなったのである。私だけではない。宴会参加の者全員がである。

以来、特級酒は頭が痛くなるものと思っていた。だからそのことを人にも話した。故人になった池見元宏氏（秋田県醸造試験場長）にその話をしたとき、同氏は「どこで飲んだ？」と聞く。「大学病院前の××で」と答える。「部屋は？」。「二階の……」。「うーん、それ、炭火の一酸化炭素中毒じゃない？」。いま考えればそれが正解のようだ。特級酒が二日酔いの原因と思ったのは冤罪だった。だが、吟醸酒かそれの調合品であろう「M」特級酒の味の記憶はない。のち、吟醸酒に鮮烈なショックを感じたことを考えれば、私が初めて遭遇したであろう「M」特級酒の印象は薄かった。不思議だった。

吟醸酒に出会った？

麹室屋として、新しい技術開発に携わった。当時の醸造試験所長、鈴木明治氏の示唆があって、静岡県富士宮市の「高砂」の蔵に温湿度制御による空調設備付きの麹室をつくる。長崎県諫早市

「黎明」の瀬頭社長の考案した仕込みタンク個別冷却システムの実施権を得たのも、三〇年代の後半のことである（昭和三七年、二九歳ごろ）。

いっぱしの技術屋になっていた。

酒蔵の主や技術者と打合せも兼ね、醸造試験所の鑑評会の列にも並んだ。彼らのうち、研修などで試験所の先生方に縁のある者は、きき酒のあと、それぞれの先生を訪ね、自分の酒の成績を聞く。先生のほうは来客が多いから、品質の短評と順位程度しか答えられない。

蔵元や蔵の技術者が自分の出品酒の「順位が上がった」といわれ、通知表をもらう子供のように喜ぶのを脇で見た。

そのころ、審査にあたる先生方は、どの銘柄は得点が何点で順位が何位かを知っていた（北海道の山崎志良氏から「昭和三〇年代は、正式の発表はなかったが順位はわかっていた」との電話証言あり。平成九年六月）。

この順位についてだが、山田正一先生は、著書『酒造』（清酒篇、昭和二四年）に明治四四年から昭和二四年までの「鑑評会上位三位」を載せている。「梅錦」の山川由一郎会長は、学生時代東京にいたとき、自社の酒が一位になり（昭和九年）、他社の酒を買いにいかされたという。

「全国清酒品評会」の華々しさとは別に、「鑑評会」の順位も戦前は公表していたのかもしれない。

戦後の鑑評会でも部内者、関係者は順位を知っていた。前にあげた私の同行者に、「これは素晴らしい宣伝材料じゃないですか」と聞いたら、「宣伝には使わないことになっているのだ」と答えた。つまり暗黙の約束があったのである。それに反して、宣伝に使った話も私は聞いている。

日本海側のある蔵元の話である。

「うちの杜氏は昔から吟醸づくりがうまかった。ある年（昭和三〇年代後半）、業界関連業者の□□さんがやってきたとき、うちの酒が鑑評会で〇位だったというのですよ。情報通の□□さんのいうことだから私は喜びまして、新聞に大きく広告を出したのです。

そうしたら同業者からどうして〇位とわかったんだと詰問されました。□□さんが、と答えると、〝とんでもない。あれは絶対に発表しないことになっているのだ〟というわけです。私はどうしようもなくなってしまいました。

その後、内部的にも順位を発表しなくなったという話です」

山田正一先生の著書『酒造』の品評会・鑑評会上位三位リストは、昭和二四年以降ペンでの書込みになっている。その記録も、昭和三六年の鑑評会のところの第一位「白牡丹」とあって、二、三位はなく、記録はそこで途絶えている。山田先生にその資料を見せられたとき、私は「このあとはどうなりましたか」と聞いた。先生は「順位をつけることにいろいろ問題があって、関係者にも何が何番だかわからないような方法にしてしまったんだ」と答えられた。いろいろな問題とは、前記の例のようなものをいうのだろう。

昭和三〇年代の吟醸酒周辺のいろいろな記憶があるのだから、当時、私は吟醸酒を飲んでいるはずだ。ビール瓶のギャザ王冠を抜いて飲んだ記憶もある。このころの出品酒は六三三ミリリットルのビール瓶で出品した。ギャザ王冠の酒は出品酒である。その王冠を抜いて飲んだ記憶とは、出品酒が何らかのルートで私の手元に届いたということ、それを飲んだということである。

だが、あの吟醸酒のスリルは覚えていない。

吟醸酒を研究するようになって、昭和三〇年代から私は吟醸酒を知っていたとはいえなかった。そのころから知っているとしたら、あまりにも身内のようではないか。と同時に、まだハングリーな時代に吟醸酒に出会っていれば、それは晴天の霹靂《へきれき》のようなショックを感じなければならないはずだ。それがない、その記憶がないのである。

当時の私の味覚が貧しかったか未成熟だったか、吟醸酒を評価し得なかったのだろうと後ろめたいものすら感じていた。「昭和三〇年代にすでに吟醸酒を知っていた」などとは、とてもいえなかった。

3. 品質志向の蔵は滝野川へ向かった

品質を追う心

吟醸を志すもの、品質を志向する酒蔵らの会話のなかに「滝野川」という言葉が出てくる。これは国税庁醸造試験所があった東京都北区滝野川を指し、そこで開かれる鑑評会をいう。

清酒業界が吟醸酒、ひいてはその品質を競う品評会・鑑評会をどう思ったか。戦前、戦後を比べると、戦後のほうがより多くの酒蔵が関心を持ったと思われる。関心度というのは、業者数と出品場数の比で表される。戦前は酒造業者の数が多かったが、出品業者の比は戦後より小さい。

絶対数では、昭和三三年の全国品評会の三一一五場が最高である。それは、品評会というものの目的「品質で競う」ことを知っての任意出品であった。戦後二七年に復活と称してスタートした品評会は、酒造組合（中央会）が主催であるから、組合行事としての参加勧誘と周知能力は完璧であっただろう。強制的に全員参加が徹底できたであろう。昭和三三年の三一一五場はほぼ全員参加といっていい。その結果として、主催者は「市販酒品質が向上して目的は達成された」というが、それは日本社会の経済的充実に並行して上がっていったものであった。品質を競うというのは、そんな生やさしいものではない。いわば、未来品質を模索するようなものであるのだ。

だが、全員参加同様の酒造組合主催の「全国清酒品評会」によって、当時、ほぼすべての清酒製造業者に「品質を競う場」があることを知らせた功績は大きいと思われる。戦前の「全国清酒品評会」（主催　財団法人日本醸造協会）に参加しなかった蔵をも参加させたであろうし、そのなかから新たに「品質を競う品評会志向」の蔵を発掘したことも考えられる。とくに戦前の品評会をボイコットした主産地をもつ近畿圏に、それが多かったのではないか。なぜなら、近畿圏では同圏内の品評会・鑑評会が開かれておらず、登竜門の機能さえなかったからである。

酒造組合の品評会が昭和三三年をもって瓦解したが、彼らに滝野川の「鑑評会」があることを知らしめたのではないか。酒造組合の品評会存続討議のなかに「吟醸をやりたいものは滝野川へ行け」

という発言があることからも、品質志向の蔵が滝野川へ向かったことが推察できる。

鑑評会がもたらしたもの

山田正一先生の残した記録を見よう。これには、醸造試験所の「全国新酒鑑評会」の上位三銘柄とともに、出品点数と出品場数が載っている（うち出品場数を表7に示す）。

表 7　全国新酒鑑評会と全国清酒品評会の出品場数の推移

年・季節	全国新酒鑑評会（醸造試験所）春・開催	全国清酒品評会（酒造組合）秋・開催
昭和 27 年春	351	
秋		1 269
28 年春	436	
—		開催なし
29 年春	630	
秋		2 044
30 年春	589	
—		開催なし
31 年春	667	
秋		2 683
32 年春	830	
—		開催なし
33 年春	829	
秋		3 115
34 年春	833	
—		開催なし
35 年春	場数不明	
秋		開催されず

（注）　全国清酒品評会は隔年開催された.
昭和 35 年は開催する予定で進んでいたが,「酒造情報」誌で中止を発表，そのまま瓦解した.

これによれば、昭和二七年春の鑑評会出品場数三五一場に対して、その秋の品評会を経験した翌年春の鑑評会には前年比二四％増の四三六場となっている。また、隔年開催された品評会四回を経た三四年には八三三場と、品評会のあった七年の間に、鑑評会出品場数は二・五倍と急増している。だが、その後はゆるやかな減少を続けた。業界こぞって参加させた酒造組合品評会の動員力はすごかったというほかない。熱心な蔵は、「滝野川へ行け」という言葉を浴びせられながら滝野川へ、東京農大のダイアモンド賞品評会へと向かった。

酒造組合の動員力はすごかった。品評会へ興味を持たなかったもの、その存在を知らなかったもののなかから品質志向の蔵を選び出すきっかけになったと書いたが、それでも滝野川の鑑評会、東京農大ダイアモンド賞品評会を知らない蔵も多くあったようだ。

「滝野川の醸造試験所で鑑評会が開かれていることを知らなかった」「農大で何かやっているのを知っていたが、農大関係者だけのものだと思っていた」「出品料が必要だということで出品しなかったのではないか」、こんな証言も聞いている。

4．東京農大ダイアモンド賞品評会始まる

マラソン型品評会

昭和三六年、酒造組合が「全国清酒品評会」をやめたのを追うように、東京農業大学が新しく品

評会をスタートさせた。品評対象には清酒だけでなく味噌、醤油など調味料の部もあった。

出品規定には、品質追求を阻止するような項目はない。

審査は毎回の出品のなかから、優れた出品に「金賞」「銀賞」「銅賞」と三段階の表彰が与えられた。そればかりではない。それぞれに、三点、二点、一点の「持ち点」が与えられる。

この持ち点が一五点になると「ダイアモンド賞」が与えられる。一回こっきりの成績を褒めるのではなく、そのほかに成績の継続性をも表彰しようという、いわば「マラソン型品評会」である。

私はこの東京農大ダイアモンド賞品評会について詳しくない。昭和三〇年代、偶然に滝野川の鑑評会に触れ、少しばかり吟醸酒に興味を持っていたが、まだサラリーマンの身であった。世田谷の東京農大へ出かけるほどの興味は持ち合わせていなかった。というより、その存在すら知らなかった。

東京農大ダイアモンド賞品評会を知ったのは、設計者として独立したあとだった。つまり昭和四〇年以降である。「持ち点」が一五点に達したトップランナーが「ダイアモンド賞」を受賞したという業界紙記事であっただろう。

ゴールのテープを切った銘柄

昭和四一年、ダイアモンドゴールに飛び込んだトップグループは「浦霞」（宮城県）、「誉関」（静岡県）、「月の井」（長野県）の三銘柄であった。表彰や一般公開の予定を知ることができなかったし、それらを知っても、業界内の行事でおそらく部外者は入れないと思ったに違いない。いや、まだ業界が力を持っていたから、流通業界関係へ招待案内があって、ある種の義理でそれらの人々で出かけた人がいたかもしれない。私には世田谷の東京農大は遠かった。それ以前に、まだまだ吟醸酒への興味が育っていなかった。

昭和四三年、設計業務で「米鶴」(山形県)と付合いをしている最中、同社がダイアモンド賞を受賞した。当事者が大喜びしているのを見ていながら、それでも東京農大へは行かなかった。

私が東京農大ダイアモンド賞一般公開に参加したのは昭和五〇年、終幕の時期であった。思えば惜しいことをした。

昭和五九年、鎌倉書房から『吟醸酒――全国市販吟醸酒カタログ』を出版した。そのなかに、東京農大ダイアモンド賞受賞一覧を載せた。その前に出版した『日本の酒づくり』で、戦前の全国清酒品評会、全国新酒鑑評会の上位三点一覧を掲載し、チャンスがあれば東京農大ダイアモンド賞の記録も書きとどめておかねばと思ったからである。

手元に昭和五〇年の表彰式一般公開のプログラムがあった。これを辿れば、全記録を収録するのはたやすいと思われた。主催者の東京農大は健在だからだ。だが、これが難しかった。そのいきさつを記しておく。

東京農大に資料の提供をお願いした。「実はその資料の入った風呂敷が見当たらないのです」と電話は答える。つい数年前の催事記録である。電話口は「ちょっと置き忘れて……」というような口調だった。私がそれを強く突っ込んで、紛失が表沙汰になってはまずいと感じた。だから何とか自分の力で受賞一覧を遡れまいかと思った。五〇年のパンフレットには同年までの記録は載っている。あとはその翌年、つまり閉幕の年の受賞者がわかればいい。

そこで五〇年の「持ち点」でゴールに近い四社に問い合わせればいいと気づいた。受賞していればそう答えてくれるはずだ。ゴールインしていなければ……、それでもよもや嘘はいうまい。

答えはあっさりと片づいた。それも、おまけまでついて。

最初に電話をかけた相手は「男山」（北海道）の山崎志良氏（当時常務取締役）であった。「そうだよ。五一年にダイアモンド賞をもらった」。電話口から、よくぞ聞いてくれたとばかりの声が流れた。私が、前年のパンフレットしか持っていないというと、「僕は二部持っているかもしれない」といい、ややあって、「二部あるから、一部あげるよ」といってきた。

これをもとに、鎌倉書房『吟醸酒』に全受賞リストを掲載した。

これでひと安心、私は五〇年、五一年（第一四、一五回）のパンフレットを東京農大へ送った。鉛筆の書込みもそのままである。それがどうなったか……。

「ダイアモンド賞」受賞リスト

	回数	銘柄名（県）	会社名
昭和47年	11	司牡丹（高知）	司牡丹酒造㈱
		代々泉（新潟）	塚野酒造㈱
		出羽の富士（秋田）	㈱佐藤酒造店
		天界（島根）	天界酒造㈱
		越乃寒梅（新潟）	石本酒造㈱
		浦霞（宮城）	㈱佐浦
昭和48年	12	千代菊（岐阜）	千代菊㈱
		鳩正宗（青森）	二北酒造㈱鳩正宗工場
		草春（埼玉）	秋笹醸造㈱
		矢本菊水（宮城）	㈱桜井酒造店
		菊の城（熊本）	㈱菊の城本舗
		嘉美心（岡山）	嘉美心酒造㈱
		初夢桜（愛知）	天埜酒造㈱
		日置桜（鳥取）	㈲山根酒造場
		初孫（山形）	㈱初孫本店
		王将（山形）	㈾小屋酒造店
		都の月（福岡）	田中屋酒造㈱
		千代万代（茨城）	酒井浩酒造店
昭和49年	13	鳳山（宮城）	鳳山酒造㈱
		月山（島根）	吉田酒造㈱
		天寿（秋田）	天寿酒造㈱
		上喜元（山形）	酒田酒造㈱
		雪中梅（新潟）	㈱丸山酒造場
		赤城山（群馬）	㈱近藤酒造店
		大輪（岐阜）	吉田㈾
		吉乃川（新潟）	吉乃川㈱
昭和50年	14	銀嶺蔵王（宮城）	蔵王酒造㈱
		東魁盛（千葉）	小泉酒造㈾
		薫長（大分）	クンチョウ酒造㈱
		敷嶋（愛知）	伊東㈾
昭和51年	15	男山（北海道）	男山㈱
		岩手川（岩手）	㈱岩手川
		最上川（山形）	新庄酒造㈾
		九重桜（埼玉）	大滝酒造㈱

4. 東京農大ダイアモンド賞品評会始まる

表 8 東京農業大学主催清酒品評会

年 度	回数	銘 柄 名 (県)	会 社 名
昭和41年	6	浦霞（宮城）	㈱佐浦
		誉関（静岡）	㈾山下本家
		月の井（長野）	月の井酒造㈱
昭和42年	7	千歳鶴（岡山）	日本清酒㈱金光支店
		吉乃川（新潟）	中越酒造㈱
		白滝（新潟）	白滝酒造㈱
		白扇（岐阜）	白扇酒造㈱
		七笑（長野）	七笑酒造㈱
昭和43年	8	米鶴（山形）	㈱米鶴本店
		香露（熊本）	㈱熊本県酒造研究所
		和楽互尊（新潟）	池浦酒造㈱
		関西美人（広島）	関西美人酒造㈱
		明峰喜久盛（長野）	㈾升屋酒造店
		広盛（群馬）	広盛酒造㈱
昭和44年	9	義侠（愛知）	山忠本家酒造㈱
		真澄（長野）	宮坂醸造㈱
		御代桜（岐阜）	御代桜醸造㈱
		明峰喜久盛（長野）	滝沢酒造㈱
		出羽桜（山形）	仲野酒造㈱
		白馬錦（長野）	㈱薄井商店
		明峰喜久盛（長野）	上田酒造㈱
		明峰喜久盛（長野）	生田酒造㈱
		東力士（栃木）	㈱島崎酒蔵店
		玉司（岡山）	白神酒造㈱
		一の井手（大分）	㈴久家本店
昭和46年	10	七福神（岩手）	㈱箱庄酒造店
		初亀（静岡）	初亀醸造㈱
		神杉（愛知）	神杉酒造㈱
		東明（鳥取）	滝田酒本店
		越の川（新潟）	越銘醸㈱
		悉緑（茨城）	大塚酒造㈱
		福栄（群馬）	奥村酒造㈱
		スキー正宗（新潟）	㈱武蔵野酒造

（注） 1.「明峰喜久盛」は当時4製造場があった.
2. 受賞銘柄および会社名は当時のものを記載した.
3. 再度受賞者はダイアモンド賞受賞得点を2度得たもの.

5. 山田正一先生と吟醸酒

山田先生という人

山田正一（一八九八〜一九八三）、農学博士・国税庁醸造試験所長・東京農業大学教授・日本醸造協会会長。

著書『酒造』（昭和二四年七月、日本醸造協会）のなかの「酒造技術者・学者列伝」によると、

新潟県人、東大農化　大一一、農博、醸造試験所長、元鑑定部長（東京）を兼務したことがある。大学卒業以来引きつづき醸造試験所に勤めているので論文報告が多い。醸造物中のアルデヒドについては学位論文がある。醸造分析法、合成清酒醸造法、醸造学研究法、酒類工業、清酒吟醸指針などの著書がある。

酒は好まぬほう、趣味：登山、野球、へぼ将棋、西洋音楽（聴くほう）。日本国中登った山は富士、槍、大天井、常念、燕、立山（雄山、別山）、針の木岳、爺ケ岳、鹿島槍、白馬、白馬槍、三又連華、野口五郎、甲斐駒、千丈、雲取、白岩、草津白根、三ツ峠、赤城、榛名、妙義、弥

彦、黒姫、金北、比叡、金剛、高野、六甲、厳島、弥山、雲仙、阿蘇、箱根、駒ケ岳などで、あといくつを加え得るかしらぬが、自称国宝頂上の石を集めて得々としている。

この経歴は山田先生の著書『酒造』のなかの一〇九頁にある略歴である。それに一部、追加させてもらった。

この文章を進めるにあたり、山田先生と呼ばせていただくことにする。

そういう私が先生にお会いしたのは、昭和五五年一〇月に、当時会長をされていた日本醸造協会にお訪ねしたのが初めてで、前後三回しかお目にかかっていない。年齢も社会的な地位も、もちろん吟醸酒周辺についても、先生と私は天と地、月とスッポンであった。

私からするとはるか遠い存在であった。日本醸造協会雑誌に連載され、のちに出版された『酒蔵と銘酒の巡礼』を読んで、そのお人柄をうかがうだけであった。

前述の昭和五五年秋の初対面のときも、会っていただけるとは思わずにアポイントがいただけて緊張していたのを覚えている。

山田先生の動向と吟醸酒

ここで、山田先生を登場させるのは、戦後の吟醸酒の動向は山田先生に負うところが大きいように思えるからだ。

『酒造』に掲載された品評会・鑑評会上位三点一覧がなければ、私は『日本の酒づくり』を書かなかったかもしれない。五五年秋に先生にお会いし、その折、私が鑑評会や品評会の歴史に興味を持っていると話すと、「僕が調べて本に載せたよ」と気さくにおっしゃって会長室の書棚から『酒造』を取り出し、貸してくださった。それも余白部分に書込みがいっぱいある貴重なものであった。

その本を返しに行ったとき、『日本の酒づくり』に転載を申し入れるため訪ねたときの、それぞれのシーンを鮮明に覚えている。

先生に出会わず、出会ってもあの本『酒造』をお借りしなければ、私はこれほど吟醸酒にのめり込まなかったであろう。だから、私には「山田先生」なのである。

「録音テープをたくさん持って遊びにおいで」といわれたのに、その通りにしなかった。いや、やはり近づきがたかった。それに、まだまだご長命だと思っていた。聞くべきことはたくさんあった。惜しいことをしたというより、多くの吟醸酒関係者に申し訳なく思っている。

私は山田先生の身辺についてはまったく知らない。だが、その足跡と吟醸酒の動向には密接な関係がうかがわれる。それを年表ふうにまとめておく。

昭和二四年七月、「酒造（清酒編）」出版・発酵協会。この中に全国清酒品評会と全国新酒鑑評会の上位三点の記録を載せる。

戦後の醸造試験所は、職制のうえでは国税庁関税部酒税課に所属しており、先生はそこの醸造試験所長であった。そのかたわら、日本酒造組合中央会が主催する「全国清酒品評会」の審査長を勤めておられた。

昭和三三年には第四回全国清酒品評会が開催されたが、この年で日本酒造組合中央会主催の品評会は終わることになる。

昭和三四年四月に職制が変わり、国税庁醸造試験所長に就任される。そして翌三五年一〇月、その職を退任された。この年は、品評会が開催される予定であったが開かれずじまいであった。山田先生は何か心に期するものがあったのではなかろうか。

昭和三五年一〇月一日、東京農業大学教授・農学部醸造学科長・短期大学部醸造学科長に就任された。

昭和三六年秋、東京農大ダイアモンド賞品評会はじまる。これには先生の強い意向があったように思えるのだが。

昭和四三年八月二五日、東京農大を退任される。

昭和五一年秋、東京農大ダイアモンド賞品評会がこの年で終わる。

昭和五二年五月二四日、日本醸造協会会長に就任。

(昭和五五年一〇月、山田先生にお会いする。五六年一二月、『日本の酒づくり』出版)

昭和五八年四月一六日、逝去。

山田先生の周辺で吟醸酒が動いていった。このあたりのいきさつをご存知の方は情報をお寄せいただきたい。それがまとまれば、山田先生が情熱を注がれた吟醸酒についていっそう理解することができるだろうし、ひいてはそれらが吟醸酒の将来に大いに参考になることは間違いないと思われる。

第3章

昭和四〇年代

吟醸技術の変革と新商品開発

1．体験的実証、吟醸酒がうまくなった

吟醸酒の品質が変わる

私は酒が好きであった。若いころの私は、見た目にはあまり飲めそうでなかったようだが、よく飲んだ。へべレケもゲロも、喧嘩も記憶喪失も経験している。酒の遍歴は『吟醸酒への招待』（中公新書）に書いた。決して自慢できる経歴ではない。

麹室の設計と施工を仕事にするようになって、長沼篤次先生に酒づくりを教わった。昭和三四年春、仙台から上京された先生は少し足がご不自由だったので、私が滝野川の醸造試験所全国新酒鑑評会へ付き添った。そのとき、外から見た鑑評会の印象は、現実離れしたどこかの田舎のお祭りのようであった。

私は空調設備付き麹室をつくったり、四季醸造設備を手がけたりしていたので、鑑定官室ともお付合いがあった。その線から、出品クラスの吟醸酒を入手して飲んでいたはずである。とすれば、「吟醸酒はすごい酒」という印象が残っているはずなのに、二〇歳代の私には吟醸酒の鮮烈な印象はない。

吟醸酒がすごいという記憶は昭和四〇年代に入ってからである。昭和三〇年代の印象と四〇年代のそれとの差の間には何があったのか。

私は三二歳で独立して設計事務所を持った。それが「吟醸酒はうまい」と感じさせたのか。もっと卑下して、二〇歳代の安サラリーマンの味覚は吟醸酒の味を識別、理解できなかったのであるとさえ思っていた（お笑いください）。

それが、平成六年に吟醸酒研究機構を設立し、戦後の吟醸酒の辿った道をつぶさに観察するようになって、私のベロ感が劣っていたのではなく、昭和四〇年ごろを機にして吟醸酒の品質が変わったということに気づいた。何があったのか。

きき酒に着色グラスを使う。ヤコマンの開発によって香りの操作が可能になる。統計学の導入で品質の偏りが明らかになり、軌道修正がなされる。酸度区分審査へと進む。

吟醸酒は昭和四〇年ごろを屈折点として、その品質を変えたのであろう。

こんな推理を構築して、私の味覚はまんざらでもなかったと安心している。このあたり、まったく想像と感覚のおぼろ気な記憶によるものなので、実務に携わっておられた方のご意見もお聞きしたい。

私を感動させなかった吟醸酒が、私を感動させる酒質になるそれぞれの要因は、場面を転換させる鍵とは見えなかった。私はそうとは気づかなかった。流れのなかにいた当事者も同じではなかったか。

品質へ多角的なメス

昭和四〇年代の吟醸酒は、科学的な環境が変わり大きく変貌する。

鑑評会における酒質の審査は、きき酒によって識別される。科学的な分析も併用されていたようだが、それのみで優劣を識別するのは無理である。現在（平成一三年）でもそうであろう。味覚や嗅覚、あるいは舌ざわりを、科学的に測定し順位がつけられるように数値化するのは不可能である。

これから述べることは関係者に叱責を受けるかもしれないが、あえていっておく。

それは、現在広く普及している酒質の分析データ、アルコール分、日本酒度、酸度などであるが、これは「うまい・まずい」「いい・わるい」を表す数値ではないと、私は消費者に話している。数値が示しているものは、「だいたいこんな形の酒である」という概略なのだと。だが、酒質を表す客観的数値はほかにないし、酒蔵は情報としてこれぐらいしか外に出せるものがないし、鑑評会一般公開時の資料もそれを脱していない。

一部の「通」と自称する人たちが、あれを金科玉条として押し頂いて我田引水に役立てる。数値をそらんじることが「通」だとばかり、分析値を振りまわす。困ったことだと思っている。

だが、その責任の一半は私にもある。

昭和五九年に、私は鎌倉書房から『吟醸酒――全国市販吟醸酒カタログ』を出版した。そのとき、この本に写真を掲載した三七〇銘柄の「酒質データ（アルコール分、日本酒度、酸度）、原料米、精米歩合、杜氏名、出身地」などを一冊にまとめて関係者に配った。どうもこれが先駆となって、数値が一人歩きしてしまったらしい。

数値データが酒質を正確に示さなくても、今後もこのデータは使われていくであろう。

また、こうもいっている。「現在使われている酒質データは、酒質をデータ化しようとした明治末期の科学レベルをそのまま使っているのだ」と。関係者から顰蹙《ひんしゅく》を買うのを覚悟でである。その当時、あれが日本だけでなく世界にも通用する科学レベルであったのだろう。数値を盲信するファンにそのあたりを理解させるためである。そしてこう続ける。「残念ながら今日まで、酒の品質を数値で表す分析法は完成していない。当時もいまも、頼りになるのはベロメーターだけ」と。

2. 吟醸酒に科学的なアプローチ

「ベロメーター」が酒の品質を決める最大の計測方法だとはいえ、そこに科学的なアプローチはあった。

そのなかから昭和四〇年代の実績として、
①きき酒の方法と結果に統計学的手法の導入
②ヤコマン（香気ドレン）の採取
③きき酒容器に着色グラスの採用
④酸度区分審査法の採用

をあげる。

統計学の導入

科学的な見地から酒質なりきき酒なりに迫る場合、化学的な分析や物理的な追究だけが方法ではない。この時期に、統計学・推計学的なアプローチがあった。現在はマーケティングの分野、動植物のフィールドワークなど、人文科学の分野にも統計学の手法が取り入れられている。

この分野についても私は疎い。当時の関係者でこの分野に通じた方にご意見をいただきたいところである。察するに、酒質の分析結果とか審査の結果の評価などは統計学の絶好の対象だろう。平均分布や標準偏差などという言葉が、酒造技術のなかにもぞろぞろ出てくるようになった。

山田正一先生に鑑評会・品評会記録について伺っていたとき、どうして昭和三七年以後は明らかになっていないのかと質問した。鑑評会が寂《さび》れつつある時期だったが、正式には順位などは公表されていなかった。だが、このほうの権威でＯＢの山田先生だけは、ひそかに知っていたのだろうと思ったからである。

先生は苦笑いし「数学的に処理して、順位は僕だけでなく関係者のだれもわからないようにしたんだよ」と話してくれた。これなども統計学導入の結果なのだろう。

その中心になったのは佐藤信氏（のち醸造試験所長）だったと思われる。氏は統計学の入門書（私は愛読して高校野球に新理論を導入した）を著したり、東京大学に講座を持ったりの活躍ぶりであった。

また、「ランキング法」できき酒力の優劣をより細かく判定する方法の創案者とも聞いている。

ヤコマン（香気ドレン）

ヤコマンとは、醪《もろみ》が発酵中に出す香気（気体）を冷却し凝縮させた液体状のもの、またはその採取装置をいう。この方法の開発は昭和四一年である。

私は発明者の山田正一先生に会ってヤコマンとその周辺のことを聞いた。いきさつは中公新書『吟醸酒への招待』の一四一頁に書いた。

ヤコマンは吟醸香を追う山田先生の学究的興味から生まれたものなのに、なぜか秘密めいたものとして一人歩きした理由についてだけここに書いておこう。一般的なこと、それに対する考えは前著によられたい。

理由はいくつかある。

①ヤコマンが開発された時期、酒造業界の吟醸酒への興味は薄れつつあった。その傾向は四〇年代の後半まで進む（表9参照）。

②ヤコマン装置が商品として販売された。吟醸香に興味を持たない酒蔵には、ヤコマンの存在はまったく伝わらなかった。

③装置が商品になったということは、それで得られたドレン（ヤコマン）を醪か酒に添加するのが目的だったはず。だが、酒に添加するのは「酒税法上で合法か」が論じられずにいた。「遊

表 9　全国新酒鑑評会出品数の推移
（昭和 36～50 年）

年	点数	場　数
昭和 36 年	1 187	741
37 年	1 210	780
38 年	1 239	770
39 年	1 168	736
40 年	1 125	657
41 年	1 178	712
42 年	1 317	761
43 年	1 230	700
44 年	1 213	723
45 年	1 113	631
46 年	920	525
47 年	973	539
48 年	978	540
49 年	500	この年から 1 場 1 点出品となる
50 年	493	―

（注）山田正一先生のメモと国税庁醸造試験所報告による．

び」の範囲だったのかもしれない。

④昭和五〇年に吟醸酒時代が立ち上がる。ここからヤコマン情報は水面下のものになる。

⑤吟醸酒ブームは高い吟醸香のある淡麗辛口の酒質が主流になる。

⑥香りの高い吟醸酒を「ヤコマン添加」と決めつける動きが起こる。

学究的興味からの発明が、なんとなく後暗いレッテルを貼られてしまう。疑心暗鬼が横行する。市場でも「通」が「ほんもの、にせもの」を論じてファンの興味を煽り、我田引水を図る。

実際にヤコマン事件はすっきりしないまま今日に至っている。その原因は、酒税法上でのヤコマン添加の合法、非合法の判定がなされていないことと、添加の識別ができなかったことにある。

前者については、全国新酒鑑評会主催者の出品規定に「ドレン等による香味を付さないもの」と明示したのが昭和四七年。ここでヤコマンは水面上に現れたが、その「ドレンを添加しないもの」

の対象が「醪」なのか「清酒」なのかは明示されていない。文面をそのまま読めば、いずれにも駄目ということだろうが。

この昭和四七年から、ヤコマン添加は鑑評会審査前にガスクロマトグラフィーによる分析でふるい落とされるといわれたが、これも断定できるまでには至っていないようだ。現に「ここまでなら大丈夫。この比率なら駄目」などと関係者が囁いていた。

吟醸酒ファンにとっては、公正な競争であるべき鑑評会や酒税法の規定があやふやでは、そこへ信頼を寄せることはできない。幸いに強く良質な香気をつくり出す酵母が開発され、それを導く技術も確保され、ヤコマンの話題は薄らいだ。市場と人気は、信用を失墜しては成り立たない。このあたりの技術の運用に関係者の猛省を望むものである。

着色グラス

白の陶磁製で底に濃い藍色の蛇の目がついた「きき猪口《ちょこ》」は、いつごろ発明されたのだろうか。相当古くから使われてきたものであろう。陶磁の白い肌がいいのか、蛇の目が伝統的デザインだからか、日本酒が話題になるところに小道具としてしばしば登場するほど縁が深い。

しかし、吟醸酒品質が先鋭化してくると、それら吟醸酒を審査する場合には、きき猪口が酒の色や透明度、てりを識別できる特性が逆に欠点となった。

官能審査の要点である味覚、嗅覚、舌ざわり、視覚のなかで、視覚による評価が他を圧してしまう。視覚は認識、評価、比較、記憶の面で他の感覚より鋭敏だ。だからといって、色の評価への配点を小さくしても、他の評価では差はつきにくいから、色の評価で生じた差がものをいう。酒の評価では、他の感覚より低くて当然の「色」が、結果として評価や順位に大きく寄与する矛盾は戦前の全国清酒品評会でも問題になっていた。そればかりでなく、最高品質であるべき吟醸酒品質のあり方にさえ、影響を及ぼしたと思われる。

それなら「色」の評価や影響を取り去ればよい。だがどうするか。理屈はわかっても実行のシナリオが書けない。考えられる新しいきき酒用具の形は？　容量は？　素材は？　重さは？　伝統の弊害を破るときはいつもこんな迷路に入り込む。

そのための試行錯誤の一つであろう。私は内面が黒い、あるいは濃い藍色だったか、真っ黒に見えたきき猪口を記憶している。何のために使うのか聞かなかったが、気持ちの悪い代物だった。ある関係知人は、内面が黄色のものを見たという。いろいろやってみたのだろう。

鑑評会審査がきき酒の器に着色グラスを使った。昭和四二年のことである。それはまたたく間に各地の国税局の鑑評会や関連品評会へと広がっていった。そして吟醸酒はおいしくなった。

私は昭和三八年には滝野川の一般公開の列に並んでいた。だが、吟醸酒との出会いの感激は覚えていない。あの吟醸酒に出会ったのだ。関係者が目の色を変えて金のラベルを競ったその現場にいたのだ。だが、出会いのショックは決して鮮烈ではなかった。

なぜ感激がなかったのか。私はひそかにこう理由づけた。「当時も酒は好きだった。生意気なことをいいながらさまざまな酒を飲んだが、所詮《しょせん》貧しさのなかでろくなものも食わず、ろくな酒も飲んでいなかった。つまり、味覚のレベルが低かったのだ。だから吟醸酒の味がわからなかったのだ」と。そうだとすると、吟醸酒との初の出会いについてロマンを込めて語れるはずはないと。

昭和四二年に酒の色の評価を排除するために着色グラスを採用したことを、ずっとあとになって知った。そこで、その時期から吟醸酒の酒質が変わったことも知った。ここで私はほっとした。「昭和三〇年代、貧乏でまずいものしか食えなかったから吟醸酒の味がわからなかった」のではなかった。安心した。

これは私だけの一人合点ではない。当時、試験所で研修生であった何人かからも、私が「昭和四〇年代に入って吟醸酒を知った」と話すと、「いい時期に吟醸酒を知ったね」と、私の体験や考えを追認してくれた。

実は私はその着色グラスを見たことがない。そのことを関係者に話すと「そんなことはないでしょう。試験所で麦茶を飲んだことはありませんか。麦茶のグラスに使っているかもしれませんよ」といわれた。

麦茶をご馳走になったことはある。でも、その器がきき酒用の着色グラスだったとは。つまり、部外者が見ればただのグラスなのである。酒の色を重視せざるを得なかった伝統をくつがえし、吟醸酒が今日のようなおいしさを持つようになった鍵は「コロンブスの卵」だったのである。

断っておくが、鑑評会審査では「きき猪口」は全部門からすべて追放されたわけではない。依然として健在である。きき猪口の持つ能力が多方面にわたって優れていることには変わりない。着色グラスは、酒の色の評価が過大になる場合に限られているそうだ。

酸度区分による審査法

着色グラスの採用は、品質の動向を左右するほどの効果はないように見えたが、意外に素早く品質にはね返ったようだ。吟醸づくりは業界内の局部的な技術ではあったが、技術志向の気持ち、その結果が形になる鑑評会品質はますます研ぎ澄まされていく。

視覚による色の判定が封じられると、香りの影響力が大きくなる。

分析資料収集法だったヤコマン（ドレン）が、香りの添加法としてひそかに重用される。鋭角的な香りにふさわしい味覚として、酸度の極端に低い酒質が出現して高い評価を得る傾向が現れる。

酸度とは、酒に溶け込んでいる乳酸、コハク酸などの量を示した数値である。

視覚の誤謬を誘うような過度の活性炭使用。これは封じられたが、淡麗というだけで品評の点数を得るための酸の少ない酒づくりも、ある種の誤謬を誘うものだ。

この種の酒質を「オアシス型酒質」と私は名づけている。何十、何百点の酒を並べて連続してきき酒するとき、これという個性はない酒に出会ってほっとする。そして、その無難さゆえに「いい点数」を得る。あとでその酒をきき酒し直すと「どうしてこれがいい点を……」となる。そして「鑑評会は個性のない平凡な酒を採る」という非難となる。

これを避けるために「酸度区分審査法」が考え出された。オールマイティーではないが、「オアシス型酒質」が有利にならない方法としては適切であろう。

この酸度区分審査法が採用されたのは、記録を見ると昭和四六年である。いま（平成一三年）から三〇年も前のことなのだ。主催者が淡麗に偏りがちな官能審査の弊害を予見し、回避策を講じていたことを高く評価したい。

吟醸酒品質をリードすべき鑑評会審査は、厳正中立で日本で最高のパネルを組んだのであろう。だが、人のやることである。人間の能力には特性、限界がある。それは短時間に多量の酒を審査することでも起こる。理性で考えるものと官能の判断には、誤差範囲を超える偏差が出てくる。

昭和三〇年代までは視覚が偏差を大きくした。透明度が高ければ、てりがよければ、総合評価が高くなる。視覚が封じられると、香気の高さが評価を高め、多数のさき酒の場では淡麗なものが味の厚いものより高く評価される。その部分の差が総合評価に偏差をもたらす。この弊害を除くために「酸度区分審査法」が取り入れられた。

「酒の味が淡麗すぎる」とか「料理に合わせるには酒の厚みが足りない」などといわれてきた。その傾向の原因は鑑評会審査にあるともいわれた。それがいまから四半世紀も前に、鑑評会の主催者がその弊害を察知し、予見し、流れを変えようとしていたのだ。これは科学の進歩や応用ではなく、洞察力の問題である。

だが、淡麗へ向かう流れは止まらなかった。酸度一・〇という、ある種の限界付近の酒質は減ったが、酸度一・五以上の出品酒は少なくなっていく。それは、来るべき吟醸酒時代の昭和五〇年代へその傾向を引きずっていく。

どういうわけか、高い酸度の酒質を恥じる風潮があったようだ。確かに、酸度の低い酒をつくるには環境の清潔度を上げねばならない。だが、競うべきは品質であって、清潔度ではないのだ。高い清潔度のなかで酸の多いおいしい酒づくりはできなかったのか。それにチャレンジする蔵はなかったのか。

いくつかの評価の偏差を是正しても、人の心のなかの偏差までは是正できない。

このあたりのデータの酒が受賞率が高いということで、鑑評会出品酒も市販吟醸酒も、「アルコール分一七・〇%、日本酒度＋四、酸度一・四」というデータに集中していく。

私は技術講演会などで、審査員と思われる方々に質問と提案を繰り返した。「入賞酒の味の幅を広げてください。酸が多くておいしい酒を採《と》ってください」と。

審査員と思われる人々は、「私たちは幅広いすぐれた品質を求めているのです。そのため、酸度区分審査をしているのです」と答える。会場に笑いが流れる。その笑いには「先生は的はずれなことをいっている」という思いが込められていた。先生の答えと笑った人たちと、どちらが正しいのか。

「傾向と対策」という言葉がある。受験戦争で出題の流れを分析し、そこから得られたポイントを狙って対策を講じることをいう。鑑評会出品酒質をどのあたりに合わせるか。入賞酒の情報は公表される。入賞は前にあげた「アルコール分一七・〇%、日本酒度＋四、酸度一・四」というところに集中している。出品側は「ここ」をターゲットに酒をつくる。

出品酒の多くがこのターゲット周辺に集まれば、ここから入賞酒が多く出るのは当たり前のことである。そうなると、出品側はますます精密にピンポイントを狙って酒をつくる、という繰返しが十何年も続いた。

昭和五〇年代前半から吟醸酒ファンだった友人が、長いヨーロッパ勤務を終えて帰国したのは平成五年のことだった。彼は吟醸酒に再会して「なーんだ、みな同じじゃない」といった。そして「幻の日本酒を飲む会」には復帰しなかった。

残念ながら、酸度区分審査法は名案でありながら、その効果を十分にあげていないといわざるを得ない。それは「傾向と対策」に負けたのである。「傾向と対策」は鑑評会品質をピンポイント化させせた。科学的な考察は人間の誤謬に勝てない。その結果は、ハメルーンの笛の音に誘われて、ぞろぞろと海に分け行く鼠の列を連想させる。その寓話の結末は、村の子供たちがぞろぞろと海に分け行くシーンで終わるが、そうならないことを祈るだけである。

吟醸酒は「カッコでくくればみな同じ」とか「金太郎飴」になってしまえば、やがて飲み手である消費者に捨てられる。それは自らの最後のルーキーを見殺しにして、この世から吟醸酒とそれをつくる心意気をも消すことなのだが。

ハメルーンの魔笛の束縛から逃れる方法は、科学的に案出される方策なのか、危険を悟る人のもつ知恵なのか、私にはわからない。

3. 新しい品質を求める動き

昭和三六年の酒税法改正で、アルコール度数と市販価格が自由になった。それまでの税制は、級別ごとにアルコール度数が定められていた。上級酒はアルコール度数が少しばかり高め（特・一級が一六・五度、二級が一五・五度。ただし一度の幅は認められた）に規定されていた。

アルコール度数の自由化は、「高濃度二級酒」と「低濃度酒」の新商品化へ向かった。

前者は「原酒」商品、また「特・一級酒並みの二級酒」というふれこみで小さい人気を集めた。だが多くは市場を確保し得なかった。割安感や珍しさがあっても、「まずさ」が濃くなっただけでは市民権は得られない。

後者は「冷用酒」として酒造組合あげて宣伝したが、いまはその言葉すら残っていない。

税制改正である種の枠がはずされたが、消費者を考えず、それまでのまずいものを濃くしても薄めても「まずいものはまずい」枠からは脱しきれなかった。経済の伸びがあったから、清酒総量の伸びは続いた。だが、競合商品のビールやウイスキーは、それ以上の伸びで市場を支配していきつつあった。

一方、純米づくりも試みられた。当時、「純米酒」「純米づくり」などの言葉はなく、「無添加酒」

とか「自然酒」などの呼び名であった。「これこそ日本酒の本格もの」と意気込んだが、商品として基盤をもつ流れにはまだなり得なかった。そのあたりについては別に論じたいと思っている。

そのなかで革命的な品質が誕生した。黄桜酒造（京都府）の「本造り黄桜」である。

「本造り黄桜」と本醸造酒

「本造り黄桜」の発売は昭和四六年であった。製造方法に革新の意気が込められていた。いま（平成一三年）の常識で考えればだれでも気づくであろうが、それに気づかぬ世界から見れば大革新であった。

それは、いまでいう「糖類無添加」である。純米づくりの仕込みにアルコールのみを添加した製品である。

「本造り黄桜」をここで特筆するのは、この製法の商品（群）が次の階段を登っていったからである。それには黄桜酒造の不退転の決意があり、それに宣伝をともなった実行力もあった。何より、表10のデータからも読める品質志向があってのことである。

黄桜酒造が所属していた中堅酒蔵グループ「伸進会」（昭和四二年六月八日発足、代表竹内昭二・坂倉又吉、課税移出六〇〇〜六〇〇〇キロリットルの中堅メーカーグループ一八六社）は、この「黄桜」の行き方を取り上げ、

表 10　本造り黄桜の製造方法と商品規格

製造方法	精米歩合 70% 以下	
	糖類使用せず	
	アルコール添加量	150 l／白米トン
商品規格	アルコール度数	16.2%
	日本酒度	−4
	酸　度	1.3〜1.4

会のなかに別に全国本醸造協会（昭和五〇年四月一日発足、代表幹事高橋篤、一〇六社）を組織して、「本造り」規格をさらに品質向上させてアルコール添加量を「一二〇リットル／白米トン」とし、これを「本醸造」規格とした。

この本醸造規格は、清酒業界全体へ、さらに酒税法にまで広がっていく。

昭和五〇年の日本酒造組合中央会の「原材料と製造方法の自主基準」のなかの「本醸造酒」規格に引き継がれ、平成元年の酒税法による「特定名称」のなかの「本醸造酒」規格へ進んでいった。

酒づくりの原材料にアルコールが加えられ、糖類が加えられたなかから、米・米麹・アルコールで仕込む「本醸造」の考えが、遠く元禄時代にも記録のある「柱《はしら》焼酎」法によるという説もあるが、それを今日的に実施した黄桜酒造の英断は、戦後の吟醸酒のあゆみに特筆する価値がある。

なお、同社社長の松本司朗氏は昭和四八年一〇月一九日、第一六回日本醸友会シンポジウムで講演し、その講演記録は、醸造論文集第二九輯に「清酒のあるべき姿について」と題し掲載されている。

業界の模索

昭和四〇年代は、前にあげた「本造り黄桜」をはじめ、いくつかの新しい酒質への挑戦があった。単に濃くしたもの、薄くしたものから、「本造り」のように一企業の示した行き方が法律に取り入れられるものまで多様であった。

純米酒は、その発端のころは残念ながら飲めない代物が多かった。級別制度がゆるんだとはいえまだまだ健在で、価格も自由化されたはずなのに、厳然として統制されたように硬直していた。軟化していたのは量販のリベート、宣伝力のない銘柄に強要されるリベートであった。

市場価格が硬直し、業界内部のリベートが恒常化していては「いいもの」は出にくい。純米酒（当時は「純米」とはいわなかった）の多くは、市場価格（普通酒の上代価格）に頭を押さえられてしまう。とすると、アルコールや糖類添加をしない分だけ、精米歩合で稼がなければならない。だから、「酒くさい」酒にならざるを得ない。言いにくいが二日酔いどころか、即時不快を味わったものだ。

昭和四八年、そのなかから純粋日本酒協会（代表本田勝太郎、千代の園）がグループとして立ち上がった。このグループは今日も活動を続けている。とくに東京（春・秋）、大阪（秋）で開かれる「純米酒を楽しむ会」は二五年を超え、良質な純米酒の普及への貢献は大きく、グループそのものも業界内だけでなく、消費者の間でも権威を得ている。

吟醸酒の商品化は第4章で改めて書くが、市場の硬直状況のなかで、これまでに示した業界の品質多様化への努力以上の困難を体験したようである。なお、日本吟醸酒協会が発足したのは昭和五五年のことである。

私は「新しい酒は百年に一つ」という説を紹介した（『吟醸酒への招待』）。吟醸酒は日本のアルコール飲料界で、明治以降、ビールに次ぐ「新しい酒」であると擬してみたのだ。

アルコール飲料界で、日本酒は相対的にも絶対的にも量と地位を下落させつつある。その軌道か

表 11　昭和 40 年代のさまざまな試み

プロジェクト名	時期（昭和）	主　な　内　容
伸進会発足	42. 6	中堅 186 社 代表竹内昭二・坂倉又吉 同じような企業規模のメーカーが結集．同規模企業が持つ問題を結束して業界や管轄官庁に働きかける．
ふるさと銘酒会	42 か 43	酒問屋・㈱太田商店 全国初の地酒銘柄コレクション．後述
低価格酒発売	42. 10	帆掛酒造・1.8 l・500 円・アルコール分 15% 未満 酒類業界の価格破壊の始まり
箱酒一代 180 ml 発売	43. 7	中国酒造・1.8 l・600円 日本酒商品の容器革命始まる．
高濃度酒開発	43. 8	英君酒造（静岡）エキス分 73% アルコール分 36%，日本酒度 −20 品質多様化の一つ．蒸留酒市場への参入を試みた．
塩ビ容器出現	43. 9	宝酒造「松竹梅たけ」300 ml 容器のファッション化
パンチメイト発売	43. 9	ニッポンパンチメイトグループ ガス入り清酒アルコール分 8.5〜9.5% 日本酒度 −16，200ml・100 円 低アルコールガス入り商品でビール市場，ハイボールふう消費をねらったもの．視覚訴求商品ともいえる．

消費者直売	43.12	東駒酒造（福島）が神奈川で 酒類業界初の流通革命
サンロック発売	44. 6	英君酒造ら9社日本サンロックネット 高濃度酒アルコール分37% 特殊品質で全国ネットワークを図る.
サリチル酸使用中止	44.10	中央会打ち出す. 明治初期から使われていた保存料を排除，ここから精密濾過技術導入が図られるようになる.
デラックス二級登場	44	アルコールが特・一級規格の二級酒 形骸化した級別制度に反抗した動き
赤い酒	45.10	新潟県下7社 清酒商品に色の魅力を取り入れる.「にごり酒」もそう解釈ができる.
手づくりグループ発足	45.10	日本手づくりグループ中尾酒造（広島)など7社 酒造が近代化していくなかで,「手づくり」を掲げるボランタリーチェーンを結成.
大関大吟醸古酒発売	45.11	大吟醸古酒3年もの 1.8 l・3000円 大手が「古酒」と「吟醸」を掲げた商品を登場させる.
アルミ缶商品登場	46. 4	月桂冠 容器革命の一つ
本造り・黄桜	46	糖類無添加規格　本醸造へつながる. 前述

プロジェクト名	時期（昭和）	主　な　内　容
灘酒シェア30%超す	47. 10	全国の30.4%（46.10～47.9） 市場は膨張しながら上位へ集中が進む.
二級酒50%割る	47	48%となる. 品質で上位とされるものが下位とされるものより多くなる逆転現象が起きる.
原材料・内容表示	48. 7	白花酒造（福岡）酒造年・成分・日本酒度・使用原料米・自醸酒など表示. 清酒原材料などのディスクロージャー始まる.
一級酒が二級酒を抜く	48	一級酒50%，二級酒42.9% 上位酒，下位酒の量的逆転が進む.
大手集中	48	月桂冠70万石，白雪・白鶴40万石台乗せ この年あたりが製造，販売数量最大となる.
純粋日本酒協会発足	48	使用原料を米とする品質志向のメーカーグループ発足
全国地酒頒布会	49. 9	代表・大沢進 ドミノ現象が地方に進み，それを打破しようと「地酒」を標榜してグループ化
製造方法の自主基準	49. 9	中央会決定　実施は50. 4. 1 酒造組合が原材料，製造方法のディスクロージャーに着手.

大手の二級不可侵崩る	49.10	小西酒造二級酒「初雪」新発売 前述の級別制度施行の折，最上位の「第一級」は主に大手だけが「特定工場」に指定された．それがきっかけとなり，上級酒は大手，二級酒は中小と暗黙のすみ分けができていた．それが市場の伸びの限界となり，暗黙の障壁が崩れた．
東京「辛口」スタート	49.10	東京局管内63社統一銘柄 無添加一級日本酒度 −2〜＋2，1300円 地域で個性的な品質を打って出る．ただし参加は任意である．
製成石数史上最高	49	129万kl 709.5万石（20％換算）
製造年月日表示	50. 1	
製造方法表示実施	50. 4	自主規制スタート
全国本醸造協会発足	50. 4	高橋篤代表幹事106社 前述
1.8 l 紙パック発売	50. 9	金露（兵庫） 容器革命本格化
秋田吟醸酒発売	50.11	これまですでに100社が吟醸酒を発売（50年末までの発売リストは表14に掲載） 意欲的な吟醸酒商品の発売は特級酒であったが，この一級酒表示商品の登場で級別を越えた品質訴求が始まる．また節税高級酒への扉が開かれる．
貴醸酒協会発足	51. 3	多段重複仕込みの超甘口酒 仕込み方法の常識を破った商品の登場

ら逃れようと、もがいているのも事実だ。逃れることはできるのか、新しい需要を創造することはできるのか、それはやってみなければわからない。

でも、歴史を振り返ると、そこには成功と失敗の痕跡が放り出されている。これを分析しない手はない。とくに、失敗した商品企画（マーチャンダイジング）には、着想、思惑、実務、結果が陳列、展示されている。そこから「行くべき道」「行ってはいけない道」を学ぶのは容易である。いい意味でも悪い意味でも「前車の轍」なのだ。

昭和四〇年代に試みられたマーチャンダイジングをあげると表11のようになる。

4．業界の構造

大量生産・大量販売

本書では、戦後の吟醸酒のつくり手側のいきさつを歴史的に書いてきた。私自身も、昭和三三年から酒造技術に触れている。それも技術的に突っ込んで付き合った。

付き合った多くの相手は、技術の最高の目標に吟醸酒——醸造試験所の全国新酒鑑評会（全国清酒品評会はすでに崩壊していた）を擬していた。

彼らの吟醸酒へのひたむきな傾倒ぶりに圧倒され、「そこに何があるのか」という興味をもってしまった。酒造技術者の彼らは、技術者として宿命的に吟醸酒にのめり込んでいったのであろうが、私の場合は、彼らを掻き立てるものを部外者として観察する立場にあった。それだけに冷静だったかもしれない。彼らのひたむきさが異常であったから、それぞれの出来事を記憶にとどめたのであった。

いま、戦後の吟醸酒のあゆみを書けるのは、第三者だったからだと思っている。当事者なら、その年その年の成績に一喜一憂して、当時を顧みても「気忙しかった」という記憶しか残っていないだろう。

この文章を書くにあたって、いや、これまでの一連の吟醸酒関連の著書や文章を書く際も、多くの当事者に証言を求めた。だが、ほとんどの場合、当事者より私の記憶のほうが詳しく正確であった。「どうしてあんたは、そのようなことを知っているの?」と逆に聞き返された。話し合って、「あんたのほうが正確だ」などともいわれた。

だが、私の文章にも大きい欠陥がある。それは吟醸酒の「受け手」の調査、証言がないことである。

受け手とは、ここでは流通業界をいう。受け手として飲食業のサービス業界と消費者も考えねばならないが、つくり手が「売れなかった」といい、つくり手に接触しているのは流通で、流通が動いてサービスまたは消費者に品物が届く。私の知るかぎり、昭和五〇年まで、サービスと消費者には吟醸酒は届いていなかった。

「吟醸酒は売れなかった」という証言と実績はある。だから、消費者側に固定したファンは育っていないだろう。戦前はいざ知らず、戦後の固定的な吟醸酒ファンは、昭和五〇年一二月に発足した「幻の日本酒を飲む会」を嚆矢《こうし》とさせていただく。もちろん、これ以前の吟醸酒ファンの記録、記憶があれば、それに変えるのにやぶさかではない。この「幻の日本酒を飲む会」には、満二五年、三二〇回を超す全記録が残っているのも心強い。

ここでいう受け手、流通関連の動静と証言を書かねばならぬ。この部分が欠落していた。いや、この欠落が、市販吟醸酒の立上がりの遅さの理由を確かめる鍵でもあったのに。

昭和四〇年代の市場

一人の飲み手が見た昭和四〇年代の日本酒の消費市場を説明してみよう。東京に住む三〇代になったばかりの、駆出しのフリー設計屋の立場である。

テレビの普及で、それに宣伝を乗せたナショナルブランドがどんどん市場を席巻していく。経済成長に乗って、日本酒は二級酒から一級酒にシフトされていく。その理由はテレビ宣伝もさることながら、大型飲食店が一人当りのお客の飲む量が同じなら、値段の高い一級酒のほうがいいと察したこともある。

大衆割烹という店づくりで、消費者の心理をくすぐった。懐が少し潤った飲み手は、それまで手の出なかった主産地銘柄に飛びついた。なにせテレビに出ている銘柄だ。それが家庭消費に移行していく。

日本酒を飲む場が明るくきれいに様変わりした。うらぶれた場所から明るい場所に変わって、新しいニーズも生み出したであろう。消費単価は少し上がったが、経済力の伸びはそれを吸収した。こうして、周囲は灘、伏見のテレビ銘柄に変わっていった。日本酒はグレードアップと消費拡大を成し得たが、酒飲み風俗ではスケールが桁違いのマンモスが動き出していた。「トリスハイボール」である。「トリスを飲んでハワイへ行こう」である。それは、経済の伸びに合わせて「ウイスキーのボトルキープ」と「水割りウイスキー」に移行する。こちらは規模の変化ではなく、構造の変化であった。

「白雪」「白鶴」「日本盛」「沢の鶴」などがどっと増えたように思えた。「黄桜」が清水昆氏のカッパの絵で飛躍的に広がっていく。

馴染みの縄のれんや赤提灯は、店の看板は関東近辺や東北の銘柄のものなのに、店で出るのは灘、伏見のテレビ銘柄という、ある種の逆転現象を起こした。

「剣菱」がすし屋にどんどん看板をつけ出した。「月桂冠」「菊正宗」「白鷹」「白鹿」などは、大衆といわれるところでは出会わなかった。それまで大衆酒場の主役だった「沖正宗」「爛漫」「賀茂鶴」「朝日山」「吉乃川」などが、なんとなく霞んできた。

昭和四〇年代は日本酒の需要は順調に伸びたが、内部構造は変わっていく。表11では、「四七年灘酒シェア三〇%超す」「四七年 二級酒五〇%割る」「四八年 大手集中 「月桂冠」七〇万石、「白雪」「白鶴」四〇万石台乗せ」とある。総量は成長、実需は大手集中、つまり伸びるものと伸びないものの二極化が進んでいた。表11はその攻め合いの苦慮ぶりを表している。

一見、繁栄を見せる業界の中身は、いくつかの形に分かれつつあった。

①追い風に乗るメーカー群とメリットを享受できる卸・小売酒販

②成長ムードのなかで、前途に壁が立ちはだかるメーカーと卸酒販

消費は人口の集中する東京—大阪間の東海道ベルト地帯に集まった。そこに宣伝費を注入すれば、需要を手に入れることができる。人口過密地域であっても、宣伝力がなければ販売効率は落ちる。

それまで、人の縁などで都市部に進出し、自社地元市場と二股をかけていた地酒メーカーは、宣伝力の集中ができないので、地元へ撤退せざるを得なかった。

「テレビの傘」は、電波の届くところにまで、思いがけない効果をもたらした。関東一円はいやおうなしに東京市場を見習う。テレビネットワークが宣伝情報を自動的に地方にも流す。

その地元市場にも都市部の集中宣伝の余波が及んでくる。地方市場でも宣伝力を盾とした競争が展開されるようになる。そこでも人の縁で食い込んでいた零細銘柄が追い出される。ドミノ現象は、相似形を縮小させながら都市から地方へと波及していった。ドミノの最後の札は押す相手もなく、自ら倒れる。一〇年間で七二五万石から九〇〇万石へ市場が膨脹した中身はこうであった。

倒れるところまでいかないが、壁に突きあたったメーカー群の試行錯誤の数々。昭和四〇年代の業界トピックスとして列挙したマーチャンダイジングの数々はそれを表している。

吟醸酒市販の動き

設計事務所をもち活動を始めた私は、クライアントの酒蔵とは密接な関係になる。一つの設計プロジェクトが完成するまで、短くて二年、長いものだと五、六年かかる。酒蔵の敷地、建築物、製造計画、製造設備などは隅々まで頭に入る。業務とは直接関係のない販売計画まで知ってしまう。

まだ商品として市場には認識されていない吟醸酒が市販される動きも、自然とキャッチできてしまう。私は品評会（鑑評会）で吟醸酒の味を知っていたし、酒づくりの男たちの吟醸酒に注ぐ情熱にも関心を持っていたから、それまで手に入らなかった吟醸酒の市販は大歓迎であった。

昭和四〇年に設計した新潟県柏崎市の「越の誉」では「ハイネス」という商品があり、愛飲した。五〇〇ミリリットル瓶の吟醸調合品質だったと思う。値段は覚えていない。

昭和四三年に山形県高畠町の「米鶴」が「米鶴エフワン」を出す。七〇〇ミリリットルの白梨地の瓶で一七〇〇円であった。青森県百石町の「桃川」でも「桃川大吟醸」を出していた。こちらは七二〇ミリリットル一八〇〇円であった。この二銘柄は私の常備品となったが、支払い金額がかさんで懐が痛い思いをした。

そのころ、石川県金沢市の「福正宗」は「福正宗オールド」を出し、積極的に販売を展開したらしいが、結果は芳しくなかったようだ。

技術者である私は、酒類の販売市場についてはまったくの素人である。単なる消費者にすぎない。

ただ、酒が好きであったから、その分人よりも酒類に興味を持っていたのかもしれない。

不思議なことに、私は清酒関係のモニターをやらされたことがない。設計業務でご縁のできた酒蔵のモニターらしいことを、こちらからしたことはある。だが、他の酒類は二度、モニターを仰せつかった。

一つは洋酒メーカーがビール製造に乗り出したとき、約半年にわたりモニターをやらされた。これは一人に数万円をかけたと思われる大規模なもので、アンケートから始まり、試飲、現金をいただいて店頭買上げやバーでの銘柄指名、工場ご招待パーティーまであった。このときの私のモニター番号が〇〇〇一であった。何のご縁で選ばれたのかはわからないが、酒徒としてひそかにその名誉を誇っている。

もう一つは総合飲料メーカーの甲乙調合焼酎のモニターであった。

それらの酒類メーカーは、私を清酒工場設計技術者と知ってモニターに選んだのだろうか。そう思える節はない。とすると、偶然に選ばれたのだろうか。

ここまで書いて、一度、日本酒モニターに任じられたのを思い出した。数年前、大手日本酒メーカーグループがある共通コンセプトの商品を発売、各界の人々にモニターを依頼したときである。興味があったのでお引き受けした。

業界紙に私の名前が報じられた。それは覚悟していた。グループの一社の重役さんが試飲用の商品のセットを持参された。相当の本数なので、仲間を集めきき酒し、その結果を詳細にモニター報告申し上げたが、何の反響もいただけなかった。このキャンペーンは次の年も行われたが、そのときは連絡もなかった。三年目は中止になったらしい。

昭和四〇年代は、ビール、ウイスキー、焼酎などの日本酒の競合品が積極的に消費者へアプローチしていたのに、日本酒業界は大手は値引き競争、地酒は品質に没頭するだけで、消費者までアプローチしてくることはなかったようだ。

一部、消費者直売運動が始まっていたが、それらは秩序を乱す者とされて孤立化していた。

流通業者は

私は「市販吟醸酒の歴史は昭和五〇年をスタートとする」としている。このときまでに、市販吟醸酒銘柄は一〇〇を数え、ここを期に酒販流通業界には地酒揃えをキャッチフレーズにした問屋、地酒専門酒販店が立ち上がってくる。また、飲食サービス分野にも、地酒を揃えた地酒居酒屋が出てくる。

それで、市販吟醸酒に関して昭和五〇年のあとを歴史とし、それ以前を紀元前とした。その紀元前はどうであったのか。つくり手は「売ろうとしても売れなかった」という。では、その直接の受け手はどのような環境であったか。

戦中、戦後、流通の卸しは「酒類配給公団」に統合されていたのではなかったか。それが統制が解かれて、戦前のそれぞれ独立した問屋業に戻る。

酒販小売業はそれまでは配給制度で、消費者は配給キップを持っていなければ酒は買えなかった。酒類は、米穀や燃料などとともに、ずっと後まで配給制度の統制経済の尻尾を引きずった業界である。がんじ絡めの制度と組織のなかで、もし吟醸酒が貴重品扱いをされたのなら、供給側が喜んで商品化したはずである。しかし、昭和五〇年以前にはその声は聞かれない。

そこで、地酒で幕が開き、吟醸酒が評価される直前の昭和四〇年代の流通業界の証言を、吟醸酒研究機構流通会員に聞いてみた。

5. 地酒揃えの酒問屋に聞く

㈱太田商店（東京都板橋区、当時は文京区）のふるさと銘酒会

いまでも覚えている。思い出せば昭和四三年のことだ。新宿の「二幸」（現アルタ）で、数十種類の地酒を集めたお披露目があった。設計事務所を開いて（といっても、独立して貧乏で暇な毎日を送っていた）三年目、「吟雪」（東京都）の渡辺礼一さんが誘ってくれたので出かけた。少しは地酒の銘柄を知っていたが、そこに並んでいたのは全国規模で、憧れの銘柄と知らない銘柄だった。

渡辺社長に蔵元を何人か紹介してもらった。それがきっかけで今日までお付合いが続いている。だから、それが昭和四三年だったと覚えていた。

主催は太田商店で、文字通り全国からふるさとの銘酒を集めたものであった。本書を書いていて、

四〇年代の流通業界はどうだったかを調べなければと気づき、太田商店のあのときの催し（販売プロジェクト）はどうだったのか、主催者に聞いてみた。

お話は、㈱太田商店の太田雄一郎社長と㈱酒舗オオタの太田欽也社長である。このお二人は兄弟で酒販卸業に携わっていた。当時、私は三〇代前半の若造だったが、再会して驚いたのは、主催者のお二人が私より若いのである。

「若いということはいいことですね」と懐古談は始まった。

篠田　お二人とも若くして事業のトップにあって、当時の思い出はどんなものですか?

太田雄一郎　父親が失明していましたので、学生のときから、酒蔵まわりについて行かされました。番頭さんも一緒でしたが。大きい問屋さんとの力の違いを感じました。大手メーカーの品物を扱ってやっていくには限界があると感じました。

篠田　それで、いい地酒を持とうとしたのですか。

雄一郎　まだ、そこまではいきませんでした。「亀齢」（広島県）は三〇年代に出会ったと思います。いま思うと「吟醸」ですね。こんな酒があるのかとショックを受けました。

「東薫」（千葉県）は縁のある蔵ですから頑張って売りました。日本橋の福岡商店（そば専門卸）との帳合いで、そば屋に「とっくり瓶」を売り込んで、多分、東京市場では相当の占有率までいったと思いますよ。

篠田　ふるさと銘酒会は私も見にいったんですよ。新宿でやりましたね。あれはどういうところから始まりましたか？

雄一郎　大手の酒では販売競争で勝てないという悩みにぶつかりました。自分のところしか扱っていない売行きのいい商品が欲しかったのです。

太田欽也　何か変わっていなければ競争に巻き込まれますから、小容量のいい酒をと、そのあたりに狙いをつけていたのです。うまい具合に塩ビ容器が開発されて、これならいけると思ったのです。三〇〇ミリリットルの茶色の徳利形の瓶をつくらせました。

いまだからいえますが、知っている地酒メーカーさんは何社もありませんでしたが、あのときはあのときの地酒の流れがあったのでしょう。メーカーさんが次々と紹介してくれました。そうそう、伸進会があって、あの会のメンバーの人々にもお取引き願いました（伸進会の発足は昭和四二年六月）。

篠田　私は流通関係ではないので、「ふるさと銘酒会」はどうでしたか。

欽也　思い出すのが辛いほど駄目でしたね。酒販店がまったく振り向いてくれないのです。やっと並べてもらっても――あれ専用のラックもつくったのでしたが――売れませんでしたね。思い出すのも辛いぐらいです。

篠田　どうして売れなかったんでしょうか？

雄一郎　いくつか思いあたることがあります。それもいまだから思いつくのですが。まず、銘柄に知名度がなかった。苦心して選び、メーカーさんのご協力を得て進めたのに、こう申し上げては失礼ですが、当時はテレビに出ていない商品は売りにくかった時代です。テレビに出れば売れる。でも、当社やそれぞれの地酒メーカーがテレビ宣伝できるはずはない。

それから、それぞれの地方の銘酒を集めたのですが、その狙いはどんどん流入する地方出身者やその縁のある人々だったのですが、その県内一の銘柄であっても、必ずしもその県出身者が知っているとは限らないということです。その地方では有名で、引っ張り凧の銘柄であっても、その地域全体で見れば知名度は一〇〇％でなかった。そのあたりの評価ができていなかったことです。

欽也　「地酒揃え」のおもしろさに溺れた感じがします。都会人のふるさと願望をかなえれば売れる。さっき兄がいったように、東京人のほとんどは「ふるさと」を持っているのだから、必ず売れると思い込んでしまいました。

これも吟醸ブームがあったいまだから気づくのですが、「吟醸」品質を揃えるとか、何かもう一本コンセプトを貫かなければならなかったのです。とはいえ、地方銘酒の皆さんはそれぞれの地域で売手市場でしたし、「地酒揃え」なら間違いなくいけるだろうと思い込みましたね。

それに、「吟醸酒」があったなどということを知りませんでした。それを知っていたとして、「吟醸酒揃え」をやって……。どうだったかなあ？

時期的に早すぎたかなという反省もあります。でも、いつが早すぎて、いつならいいということはわかりませんからね。遅すぎたということだけはわかりますが。

篠田　でも、いま、いい銘柄をお持ちなのは、そのときの努力の結果じゃないですか？

表 12　太田商店　ふるさとの酒（全国銘醸会）名簿

生産地	銘柄名	会　社　名	生産地	銘柄名	会　社　名
北海道	旭高砂	高砂酒造	静　岡	英君	英君酒造
宮　城	浦霞	佐浦	三　重	—	
岩　手	あさ開	あさ開	岐　阜	千代菊	千代菊
福　島	栄川	栄川酒造	石　川	万歳楽	小堀酒造店
青　森	白梅	現在　六花酒造	福　井	一本義	久保商店
秋　田	高清水	秋田酒類製造	富　山	銀盤	銀盤酒造
山　形	初孫	東北銘醸	広　島	亀齢	亀齢酒造
東　京	吟雪	渡辺酒造	山　口	金冠黒松	村重酒造
神奈川	—		岡　山	桜冠	桜冠酒造
千　葉	東薫	東薫酒造	鳥　取	陽気正宗	荻原酒造
山　梨	七賢	山梨銘醸	島　根	—	
埼　玉	白扇	藤崎総兵衛商店	愛　媛	桜うづまき	桜うづまき酒造
茨　城	徳正宗	萩原酒造	香　川	川鶴	川鶴酒造
栃　木	東力士	島崎酒造	徳　島	鳴門鯛	松浦酒造場
群　馬	—		高　知	—	
長　野	真澄	宮坂醸造	福　岡	白花	白花酒造
新　潟	白滝	白滝酒造			（現　喜多屋）
大　阪	国乃長	寿酒造	佐　賀	窓の梅	窓の梅酒造
京　都	—		長　崎	黎明	黎明
兵　庫	酒豪	豊沢酒造			（現　太陽酒造）
奈　良	金鼓	大倉本家	熊　本	瑞鷹	瑞鷹酒造
和歌山	—		大　分	八鹿	八鹿酒造
滋　賀	—		鹿児島	—	
愛　知	—		宮　崎	—	

（注）　銘柄・会社名など昭和 43 年当時の太田氏の記憶による．

雄一郎　そうなんです。あのとき、扱わせていただいたすべての銘柄にお礼はできていませんが、いくつかのメーカーさんとは、ずっとお取引きをいただいております。

「ふるさとの酒」をやりまして、銘柄揃えも大切だが、その商品にふさわしい市場を開拓していかなければならないことを知りました。この市場開拓、いや開発ですか、これはメーカーがすることなのか、それを一手に扱う問屋がすることなのか、議論があるところでしょうが、メーカーさんとわれわれ問屋の信頼のなかでつくり出していかなければならないのです。大切な勉強をさせていただいたと感謝しております。

篠田　ところでこの四〇年代、流通の世界におられて、「吟醸」とか「吟醸酒」とかいう言葉や商品を知っていましたか。

雄一郎　その当時は聞かなかったと思います。「亀齢」（広島県）さん、「初孫」（山形県）さん、「菊の城」（熊本県）さんなど、吟醸銘柄として有名なところとお取引きいただいていたのですが。また、吟醸品質に惚れてお取引きをお願いしているのですが。

欽也　私も知らなかったのです。いま思うと残念です。

（平成一〇年八月七日）

㈱岡永・日本名門酒会（東京都中央区）

昭和三〇年代のサラリーマン時代、私は新聞記事（スポーツ紙だった記憶がある）で「新政会」を知った。詳しくは覚えていないが、楽しそうなおいしそうな会があったという印象が残っている。だが、その会へは入れないという諦めもくっついている。会費が高かったか、別の世界だったからか、それはわからない。それから二〇年も経て、「新政会」を開いたのは酒問屋の岡永であったことを知った。

「新政」（秋田県）という酒は、昭和二七、八年ごろ飲んだ記憶がある。大学に入ってすぐのころか、仙台の兄に、南町と大日横丁の角にあった居酒屋で飲まされた。その店にあった酒は、「白鷹」「白鹿」（ともに兵庫県）と「新政」で、「通はこういう酒を飲むのだ」と教えられた。その「新政」は、仙台では錦町の高徳酒店しか扱っていないと、これも通ぶったことを聞いたが、高徳に買いにいった記憶はない。

兄は私より八歳上で、通ぶったことをよく知っていたが、味覚は私の見るかぎり大したことはなかった。酒であれば何でもいいほうで、ああはなりたくないモデルでもあった。若くして死んだ。

「日本名門酒会」の㈱岡永の飯田博会長、永介社長に話を聞いた。同社は昭和五〇年、全国の優れた地酒一四銘柄を揃えて、これを日本名門酒会会員となった酒販店に専売させる新しい流通ネットワークをつくったことで知られる。

話の主題は、昭和五〇年後の地酒時代に入る前、岡永としては地酒ブランドにどのように対応していたのか。その時点で吟醸酒が商品として認識され、または流通していたかなどである。以下、一問一答の形をとるが、答えのほとんどは当時を経験している飯田博氏である。

篠田　昭和五〇年に「日本名門酒会」がスタートしました。それとはまったく別に、私は「幻の日本酒を飲む会」を発足させました。流通業と消費者がともにいい酒を求める。ここから新しい時代に入ったと思われます。

昭和五〇年以後は、「日本名門酒会」の業績と「幻の日本酒を飲む会」の全記録が残っておりますし、いくつかの酒販卸が地酒を主要商品に取り上げる。地酒酒販店、地酒居酒屋が看板をあげる。つまり歴史は記録されています。地酒から吟醸酒へいくその前、黎明期ともいえる昭和四〇年代の流通業界、御社のいきさつを聞かせてください。

当時のかすかな記憶では、すでに「越の誉」（新潟県）、「新政」（秋田県）、「月の桂」（京都府）を扱われていたと思います。それらの銘柄との出会いから……。

飯田　篠田さんはおわかりでしょうが、いまお話のあったように、昭和五〇年という年は、社会的にも業界的にも、一つの転換期であったと思います。日本経済も高度成長期から低成長期に入り、消費者の選択もようやく厳しくなり、いわゆる本物嗜好、こだわり嗜好などが表面化してきました。業界的には、清酒の「製造方法の表示基準」が定められ、時を同じくして、「日本名門酒会」も「幻の日本酒を飲む会」も始まったのですね。

いい酒に対する一般の関心を、期せずして感じとったといえるのではないでしょうか。

私の会社は、出身が醤油問屋業でもあったので、ヤマサ醤油を中心に食品類の取扱いウェイトが高く、特に自営のスーパー部門「オーケー」を始めてから、続々とスーパーが出現し、その納入で売上店の七〇％くらいが食品でした。

しかし、その食品類も量販店の発展とともに、納入問屋としての機能に疑問が出てきて、結局問屋機能を発揮できる地方の名酒に対象をしぼる業態に特化したわけです。

この時点で食品から酒類、それも地方名酒に特化したことで、会社的な意思統一ができ、はっきりとした目標を設定できたといえましょう。

篠田　岡永というと、石田博英氏（政治家・労相などを歴任、パクさんの愛称で親しまれた）を会長にした「新政会」というのを覚えています。二〇歳代の飲んべえとして憧れていました。「新政」との付合いは？

飯田　それがねえ、昔のことはよく覚えているもので……。昭和三五、六年のことです。杉並区の「升本」という小売店で、お名前は栗原延二郎さんといいました。そのお店で「新政」に出会ったのです。

酒じゃないんです。渋茶色のなかなかいい前掛けをしていたんです。聞いたことのない銘柄ですから「どんな酒ですか」と聞きました。栗原さんは「素晴らしい酒だ」といいました。たった一人の評判でしたが、言葉に圧倒されて興味を持っておりました。

少し調べたら六号酵母の出た蔵だと知って、秋田まで行きました。行きも帰りも夜行列車でした。酒を拝見したら香りがいい。六号酵母の蔵などという専門的なことは知りませんでした。辛口ですっきりした味でした。いま思えば吟醸づくりしたものだったのでしょう。

取引きをお願いしたのは二六年のことです。

サンプルを送ってもらい、会社で営業担当に小売店のきき酒用に持たせるため小瓶に分けました。そのとき、部屋から溢れんばかりの香りがしたのを覚えています。

篠田　新政会はどうだったんでしょうか。私は新聞紙上で見て知ったと思うのですが。

飯田「新政」を扱ってみましたが、売行きはいまひとつでした。ほとんどの取引先は「いくら値引きするの?」というものばかりでした。一部からはいい反響がありましたが。

これじゃ駄目だと思い、新政会をつくることを考え、「新政」ファンの石田氏のところへ行きました。紹介者を立てるすべもなかったので直接伺いました。「こんなことをやりたい」というと、快く引き受けてくださいました。

氏が「新政」を、「これはドイツのモーゼルワインに匹敵する」といわれたのを覚えています。それは吟醸香とそのころ珍しかった淡麗辛口をいったのでしょう。当時、政界だけでなく広く人脈をお持ちの石田氏のお声掛かりで、そうそうたる顔ぶれが集まりました。それが新聞に出たのでしょう。

石田氏は行く先々の料理屋さんを紹介してくれまして、そのころ売れた「新政」の半分は石田氏の紹介先だったでしょう。ところがですよ、それ以外には酒はまだ売れないのです。「新政」という酒の酒質の良さと知名度は上がったのですが、なかなか直接の販売に結びつくというわけにはいかなかったのです。現在では考えられない状況だったのです。

これは消費者に直接に何かインセンティブをつけて、働きかけなければならないということで瓶にシールをつけ、「新政晩酌会」と称して、これを送ってもらった方を新政会にお招きしました。会場は、初めは数寄屋橋の朝日会館でしたが、その後八芳園になりました。そのころファンの会を開いていたのは「千福」の「福の会」で、「月の桂の会」もそのころだったかな。

初めは無料だったのです。酒蔵や流通が開く顧客サービスの会は無料招待が常識でした。二、三回やって、有名人は大勢集まりましたが、実際の消費には結びついていないと見ました。その消費者も「新政会」へ入れようと、酒にシールをつけ、それを送らせて酒器を配りました。その人たちを新政会へ誘ったのです。そのとき、思い切って有料にしました。会費は五〇〇円でした。決して安い会費ではありませんでした。

参加者が激減すると思っていたのに前回並みの方々がお見えになって、こういうやり方も受け入れられることを知りました。

その後の日本名門酒会の運営のノウハウは、このような経験から得たものです。

篠田　私は部外者ですからよくはわかりませんが、お酒屋さんは酒を何箱か仕入れると、歌舞伎だのプロ野球だの、温泉招待もあったなどと聞いていました。羨ましかったです。

飯田　そうなんです。それがお客様が会費を負担してお出でくださる。五〇〇円というのは決して安い会費ではありませんでした。サラリーマンを歌ったヒットソングで、「月給が一万三八〇〇円」というのがあったころのことです。

新政会はそれとして、実際に買って飲んでくださるお客様のために「新政晩酌会」というものをつくり、サービスシステムもつくりました。

「新政」がよかったのは、香りがあって喉越しがよくて、いまでいえば淡麗辛口ですよ。石田さんが「新政」をドイツのモーゼルだといったとき、「この香りは他の日本酒にはない」といいましたね。

「新政」がようやく軌道に乗って、辛口酒、といっても日本酒度マイナス三ぐらいでしたが、次の銘柄を探し、「司牡丹」（高知県）を扱うことにしました。昭和四〇年代、大手ものの甘口化が進み、リーダー銘柄の日本酒度はマイナス一〇でした。

昭和四二、三年ごろ、「司牡丹」を始めたのですが、東北の「新政」と違い、四国の「司牡丹」を知る人は関東にはほとんどいなかったです。同じ辛口酒なのですが、味わいは東京には馴染みにくかったようです。「司牡丹の会」をつくり、ファンづくりを進めました。当時、規模が小さかった「月の桂」も扱っていました。「司牡丹」も少しずつ売れるようになって、全国各地のいい酒ならば売れるという自信のようなものができてきました。

今度は、中部地区にいい酒はないかと探しました。レッテルメーカーで大阪の増田信陽堂さんが

「飛騨高山にいい酒がありますよ」といってくれたのがきっかけで、「久寿玉」(岐阜県)を扱うようになります。また、佐々木久子さん(雑誌「酒」編集長)の紹介でしたか、「七笑」(長野県)を扱うようになりました。

こんなふうにして、いい地酒銘柄が揃っていったのです。

篠田　いま考えると、いずれも吟醸蔵で、品質も吟醸タイプのものと思われますが、当時、「吟醸・吟醸酒」という言葉、あるいは商品としての吟醸酒に出会いましたか?

飯田　それがねえ、記憶がないんですよ。吟醸という言葉ですが、ぼんやりと吟造(いまでも多くの関係者が吟造という)という言葉で耳に残っています。どういういわれなのか、どんな意味なのかわからずに聞いていました。

篠田さんの資料(別掲)によると、昭和四〇年代には相当の数の蔵が吟醸酒を商品として発売しているようですが、残念ながら出会っておりません。認識もありませんでした。

篠田　つまり黎明期だったのですね。夜明け前は一番暗い。夜が明けると、あっというまにすべてが見えてくるというものでしょう。

今日は、昭和五〇年、地酒の幕開け直前のお話をありがとうございました。

(平成一〇年七月一三日)

㈱塚本商店（静岡市）の「全国銘酒めぐり」

私は酒に関係のない育ちであった。町内に何軒かの酒屋があり、配給キップをもって買いにいったとか、同級生に何人か酒屋の息子がいたぐらいである。大学では二年後輩に「金水晶」（福島県）の斎藤正一氏がいて、大学祭でトロンボーンソロのピアノ伴奏をしてもらった。ずっと先輩の高商一回生に「龍盛」（京都府）の安田揚之助氏がおられ、ＯＢクラブで最長老と座布団運びのお付合いをいただいたが、親子以上の年齢差だから、名前も覚えられなかったに違いない。

流通では、吟醸酒研究機構会員の静岡市の塚本商店塚本鉄男会長が先輩にあたる。大先輩なので、こちらが敬って遠ざけていて、ときどき教えを垂れていただいている。

以下、会長から塚本商店の昭和四〇年代の思い出を寄せていただいた。

学校の先輩後輩の関係で、篠田先生とはとんだところで出会った。その篠田先生からのご依頼で、思いがけぬ文章を書く羽目になりました。

私は現在、「全国銘酒めぐり」という日本酒の取扱いを主体とした卸しを営んでいるものですが、この仕事は昭和五四年一〇月から開始し、現在に至っております。

戦後の壊滅状態から少しずつ立ち直ってきて、いろいろな商品が出まわり始めました。やがてそれは経済性を重視した大量生産体制となり、「宣伝なくして販売なし」「消費は美徳」という言葉に振りまわされるようになりました。新しく生まれたスーパーストアでは、安売り合戦華やかな時代でした。

こんな状態の終末は、品質無視の弱肉強食時代に陥るはずと勝手に結論を出し、一人悩んでいたものでした。

そんなとき、私の前に現れたのが吟醸酒でした。青天の霹靂《へきれき》といってもよいほどの衝撃を受けました。というのは、「一見清酒風アルコール飲料」と称せられる当時の三倍増醸酒に慣らされていた舌にとっては、まさに初体験といってよいものでした。

当時は「吟醸酒」という言葉さえあまりいわれていなかったように思います。いずれにしても「これこそ本物」といった思いでした。

しかし、商売となるとそう簡単にはいきません。吟醸という言葉を酒蔵でもよく知られていない時代に、それを売って商売にするなんて夢のような話です。それより何より、吟醸酒をつくるメーカーを探し出し、売ってもらわねばなりません。それやこれやで約二年間ぐらいはあちらこちらを飛びまわりました。なにせ、昭和四〇年代には、吟醸酒を商品と考えてつくっているメーカーは一握りもあったかどうかわかりません。

また、技術的にも現在の吟醸酒をつくるようなものはなかったと思います。メーカーを説得し、数を確保し、銘柄を揃え……。やれパンフレットだ、やれ冷蔵設備だと一人で思い悩みながら、やっと発足に漕ぎつけたのが昭和五四年一〇月でした。

最初に見本を持ちまわり、趣旨を説いて、私の考える会に加入してくれた酒屋さんは一八店

表 13 「全国銘酒めぐり」発足時取扱い銘柄（24 銘柄）

生産地	銘　柄　名	生産地	銘　柄　名
北海道	北の誉	山梨県	笹一
秋田県	新政，白瀑	静岡県	若竹鬼ころし，志太泉
岩手県	あさ開	岐阜県	飛騨鬼ころし
山形県	沢正宗	奈良県	春鹿
宮城県	雪の松島	島根県	金鳳
新潟県	王紋	広島県	賀茂泉
福島県	笹の川	福岡県	黒田武士，富の寿
富山県	満寿泉，銀盤，皇国晴	大分県	薫長
石川県	竹葉	高知県	司牡丹
長野県	真澄		

でした。よくぞ入ってくれたものと、いまでも感謝に堪えない思いです。

また、自分自身の勉強も必要だし、社員の理解と協力も必要だし、そこで、それぞれの専門家、メーカーなどを駆けまわったものでした。よく協力をしていただいたお陰で、だんだんと取扱い銘柄も多くなり、取引範囲も広くなり、商売としても成り立ってきました。

現在、ビールは全体の七〇％くらいのシェアを占めていると思いますが、流通業者にとってはほとんど利益をもたらさない商売になってしまいました。まさに昭和四〇年代のスーパー安売り合戦の再来です。酒販業界には免許制度があったため、だいぶ時代がずれてきた感じですが、結果は同じなのでしょう。

なお、最初は二四銘柄で発足したのです。

当時は三倍増醸酒をいかに大量に販売するかに生販三層ともに苦心していた時分です。一〇本入り一箱につき、一本付き、二本付き販売が相場でしたので、取引きをお願いしたメーカーさんのなかには、自分のところの酒が景品付き販売に利用されるのではないかと疑われたり、値引きなしで仕入れるという当方の申し出が信用されなかったなど、いまにして思えばおかしい話ばかり思い出します。

表13に、発足時の銘柄を列記しますが、少々の記憶違いもあると思いますのでご容赦ください。

（平成一〇年七月二八日）

第4章　困難を乗り越えて

吟醸酒の市販に踏み切る

1．吟醸酒はなぜ売れなかったのか

食環境で味覚は変わる

吟醸酒を商品として発売するということを論じるには、さまざまな切り方がある。

吟醸酒は世の中になかなか認められなかった。専門家といわれる醸造試験所、鑑定官室、県などの指導機関の技術者が選んだ酒が、どうして商品として売れなかったのか。簡単そうな疑問なのだが、多くの人々はこれに対して明確な答えを出していない。

昭和五〇年まで、長い間さまざまな販売方法が試みられたが、結果はすべて失敗だった。だから、ただ何となく「吟醸酒は売れない。売れなかった」とだけいわれていた。それには、積極的にいいものを世に出そうとする意欲に対するやっかみにも似た反発もあったと考えられる。

品評会で好成績をあげるものは少数である。その作品が世に受け入れられれば、「高付加価値」を手にすることができる。好成績を得られなかった周囲の多くのものは心穏やかでない。発売の結果が悪ければ「ざまあみろ」と内心叫ぶはずだ。そのような潜在的な心理が、吟醸酒を「売れないもの」と決めつけてしまったことも考えられる。

それでも真に価値のあるものなら、商品として認められるはずだ。やっかみなどの潜在的な障害があったとしても乗り越えられるはずではないか。何かが誤算だったのである。何かに気づかずにいたのである。ここから話を始めよう。

こんな例がある。NHKから私に電話があった。先方は私に食べ物番組への出演依頼のテストをしている。受話器を挟んで会話がやり取りされる。

篠田　吟醸酒はすばらしい酒です。香りもよく飲んでおいしい。その酒は実は戦前からあったのですよ。（NHKはこの言葉を捉えた）

NHK　それほどすばらしい酒が戦前からあったのに、なぜブームにならなかったのですか？

篠田　おいしいという評価は、時代や場所によって変わるんですよ。当時多くの日本人は、残念ながら吟醸酒のよさを理解できなかったんでしょうね。

NHK　おいしいものは時代を超えて不変なのではありませんか？

篠田　えっ、あなたは食べ物番組を担当しておられて、ほんとうにそう思っているんですか。

NHK　（……しばらく無言。やがて）わかりました。出演していただきたいのですが。

賢明な読者は私のいわんとするところをご理解くださったでしょう。つまり、「吟醸酒は、品評会という場で、たくさんの数の酒を並べて、酒の審査を多く経験した人たちが選び出したもの」なのである。

「酔い」を求めた時代

吟醸酒が世に出る前の大衆は、この審査にあたる人たちとは酒に対する考えの位置が違っていた。意識というものよりもっと以前のレベルでである。

酒は高価で飲むチャンスは少なかった。飲む目的は、味を楽しむより「酔う」ことが先であった。当時の食べ物は塩辛いものが多かった。吟醸酒の香味は、塩辛すぎるものではその特質が楽しめない。このような酒の環境では吟醸酒を優れた酒とはいうまい。

吟醸酒をよしとするもの、しないもの。前者が良くて後者が悪いとか、前者が正しくて後者は間違っているなどということではない。「おいしさ、うまさ」の認識は、それぞれの人の今日までの食環境によって異なるのである。だから、後者のような人々に「吟醸酒はすばらしい」と薦めても、決して好んではくれない。「吟醸酒ショック」（吟醸酒に出会って目から鱗が落ちたという話）が起きるのは、前者の体質の人が初めて吟醸酒に出会ったときであって、後者は吟醸酒に出会っても劇的に吟醸酒ファンになることはないのである。

昭和五〇年以前の日本人の嗜好は、後者タイプが多かったし、また前者タイプの人がいても、吟醸酒に出会うチャンスがなかった。だから、吟醸酒を商品にしても売れなかったのである。

物珍しさで飲むなら別だが、継続して陶酔の糧として酒を飲むには、周辺の環境が整わなければ商品にはなり得ない。昭和四〇年代前半から吟醸酒を購入して飲んでいたファンの私が、吟醸酒が商品になるにはそれなりの環境が整わねばならないことに気づくのは、飲み始めて二〇年も経ってからである。気がついてみれば当たり前のことなのだが。

それに気づく前、吟醸酒メーカーにいくつもミスリードしたことも告白しておく。

2. 吟醸酒を市場に出す

商品になった吟醸酒

蔵に吟醸酒はあった。ものは酒である。これを処分するには、廃棄、自家消費（つまり飲んでしまう）、市販の三つの方法しかない。市販にはそのまま市販するのと、他の酒に調合するのとに分かれるが。

まさか酒としてあるものを廃棄処分するはずはない。その酒がいい酒だからということで自家消費すると思われるが、吟醸酒の仕込みが小さいとはいえ、一・八リットル瓶で約八〇〇本。とても蔵元と杜氏たちで飲み干せる量ではない。では無料で配るか。だが商品として売れないものは、所詮差し上げても、もらう人はいない。

小さい仕込みの吟醸酒であっても、商品として市販する以外に処分方法はないのである。ところが吟醸酒の場合は、この市販という当然の目的を達成するのが、はなはだやっかいであった。

吟醸酒は品評会を目的につくられた酒である。その酒を味わった審査員がよしとする酒をつくるのである。できあがったままが、あるいは品評会審査員が味わった「そのもの」が最高品質なのである。そのものとは、水を加えたり、審査と違う温度で飲んだりしないことをいう。ここから、吟醸古酒の魅力や、「ぬる燗」で飲む魅力の発見が遅れることになったが。

戦後、昭和三六年までは、品評会を目指してつくった吟醸酒の品質「そのもの」を商品にすることは難しかった。酒税法がそれを妨げていた。それらを箇条書きにしてみる。

①商品は級別でアルコール度数が定められていた。吟醸酒もそれが該当する級別（上級酒になるには任意出品し、級別審査を通らねばならないが）のアルコール度数に調整（加水）しなければならない。

②ある（高めの）アルコール度数で市販商品にする場合は、級別審査を受け、それを通らなければならない。

級別審査に出品しない二級酒もアルコール度数の制限を受けていた。

審査を受けるには一定量以上の貯蔵量が必要で、少量の吟醸酒はそこで失格することがあった。また級別審査では、吟醸酒は品質的に審査を通りにくかったといわれる。

③販売価格は統制経済のもとで級別に厳密に定められていた。

④多くの消費者は、吟醸酒の香味を理解できなかった。

昭和三六年の税制改正で、

⑤各級別のアルコール度数が自由になった。各級別の税金をアルコール分の増減に比例させればよい。

⑥また同改正で価格が自由化された。特級酒だけは上限があり、それを超すものは従価税（価格に比例して課税される。これ以外は量に対して一定金額を課するもので従量税という）。この従価税は罰則的といえるほど高率であった。

このような環境のなかで吟醸酒を市場に出すのに、どのような品質規格で商品化できたであろうか。ある種の必然があり、ある種の工夫があっても、次の形にしかならない。

⑦吟醸酒を他の普通酒と調合し、二級酒として、その価格と規格で市販する。

⑧吟醸酒を高級酒（特・一級酒）に調合して、その価格、規格で市販する。

⑨吟醸酒を二級酒規格に加水して、二級酒価格で市販する。

⑩吟醸酒のみ級別審査を通し、高級酒として市販する。

その結果はどうであったか。市場はどう受けとったか。酒蔵はメーカーとして吟醸酒を利益商品にし得たか。

残念ながら、このころの吟醸酒市販の全容はわからない。量が少ないから、吟醸酒ジャンルというものがまとまらなかったこともある。また、発売時の商品規格もさまざまだったし、価格もまちまちであったので、評価は定まらない。

思惑と期待はずれ

昭和二〇～四〇年代の市販吟醸酒の評判は芳しいものではなかった。つくり手の側では、吟醸酒には原材料も手間も、それに思い入れも投入している。だから、それ相応の価格で売れて当たり前と思っている。しかし現実には、その思惑は満足させられなかった。

「売れなかった」という話は多い。もっというと、マイナスの結果さえもたらされた。「薄い」「薬くさい」という評判である。淡麗辛口が「薄い」と評され、吟醸香が「薬くさい」と受けとられた。これは、当時の食環境のなせるものと解すべきものである。

私はこんな経験と記憶を持っている。

昭和三一～三三年、住んでいた仙台市の盛り場の「浦霞酒場」に、「浦霞が全国一を獲得した」意味の立て看板が出ていたのを見ている。いま思えば、それは同年全国新酒鑑評会第一位を得た知らせであった。二二、三歳の一消費者、もうすでに飲んべえであったが、これを「業界によくある自画自賛のコンクール受賞宣伝」としか受けとらなかった。

そこへ出かけて、受賞クラスの酒を飲んだという記憶はまったくない。

次は、昭和四三年の神奈川県で起きた二重ラベル事件である。消費者直売でブームを巻き起こしたその酒蔵（東北X県）は、上級酒が不足してその補填に、二級酒級別証紙（いわゆるヘソラベル）の上に上級酒証紙ラベルを重ね貼りして市販し摘発された事件である。

この事件は、直売ブームがセンセーショナルであったこと、反業界秩序であったこと、二重ラベルという異様な形であったこと、その後さまざまな事件が続発したことで、当時、業界に携わった人なら鮮明に覚えているであろう。

二重ラベル瓶の中身は何であったのか。当事者のコメントによれば、「品評会に出品して好成績を得た酒で、アルコール度数も高い〝特別二級酒〟である」というから、品評会お墨付きの「吟醸酒」、それも普通二級酒（一五・五度）まで加水しない格調高いものであったと思われる。

当時の二級酒は一・八リットルが七〇〇～八〇〇円で、その品物は五〇～一〇〇円高だった。それが売れずにあったので、二重ラベルの対象になったのである。

この事件は「級別問題」を捉え、最高裁まで争いは持ち上げられた。業界ではタブー視され、一般紙が報じたもの以降の経過は詳《つまび》らかではない。

これは、吟醸酒が普通二級酒よりほんのわずか高い値段だったために売れなかったという事例でもある。

3. 吟醸酒発売の事例

昭和四〇年代（あるいはそれ以前）の吟醸酒発売の周辺情報はもう「昔話」である。吟醸酒がそれなりに商品化され、一部には利益商品として成熟してしまった今日、発売当時の証言を聞いても、「昔は……」という思い入れの強い話になってしまう。

ここにあげる証言は、私自身が当時、見聞きしたものか、遅くても昭和五〇年代に聞いたものばかりである。そのころ、ぼんやりと発売の苦労話を聞いていたが、いまになってしまえば貴重な証言であるのでここに記しておく。

「秘蔵酒西の関」萱島酒造㈲（大分県）

昭和三七年に「秘蔵酒西の関」を市場に送り出した萱島酒造は、のちに「吟醸酒市販のさきがけ」と称えられ、昭和六三年に日本醸友会「功労賞」を、翌平成元年には日本醸造協会「石川弥八郎賞」を与えられている。

私もその周辺を調べ、『吟醸酒』（鎌倉書房）の一五六頁、『吟醸酒への招待』（中公新書）の六七頁に記述しているので、そちらをお読みいただきたい。

各年度の売上げ実績は、これが現在（平成一三年）であったら噴飯ものである。「これが当社の吟醸酒初発売実績です」などと、だれも発表はすまい。いや、当時でもこの数字を発表するのは恥ずかしかったであろう。でも、萱島さんはやった。その勇気も含めて「石川弥八郎賞」にふさわしいと思っている。

私が参考にしたものは、昭和四四年一〇月の日本醸友会シンポジウム「新しいタイプの酒」（醸造論文集第二五集に収録）、五七年一一月に松江市で開かれた広島国税局鑑定官室「品質管理研究会」の講演である。

同社社長萱島須磨自氏の「貯蔵しておくと、コロッとしてくるんですよね」という語り口がいまでも耳に残る。それが「秘蔵酒西の関」の新しい発見であり、セールスポイントでもある。

「日本醸造協会雑誌」昭和六三年一月号に掲載された「吟醸酒を市販して二五年」は、同氏の業績のまとめともいえる論文で、必読の価値がある。この時点で吟醸酒の将来を危惧しておられ、再読をお勧めする。

「米鶴エフワン」米鶴酒造㈱（山形県）

昭和四四年、東京農大ダイアモンド賞受賞を機に七〇〇ミリリットルの白の角瓶で発売した。設計業務で付合いがあったので、この商品の発売に立ち会うことができたし、それ以降の経緯も観察することになる。

七〇〇ミリリットルの透明で梨地の角瓶に、日本酒らしくない、といってバタくさくもない、わけのわからないレッテル。受け箱は発泡スチロールに瓶がギュッと音を立てて収まる。外箱はやけに日本調で、つづれ織り地に「米鶴」とある。値段は一七〇〇円であった。

ケースで買い込んでずいぶん愛飲した。私のところへくるマスコミ人を吟醸酒ファンに仕上げた。昭和四九年には、銀座八丁目のクラブ「L」の定番に納まり、ここで市販吟醸酒に出会った蔵元も多い。

平成二年、従価税制度が廃止されたとき、税務署の指導でネーミングを変えさせられた「米鶴ふわん」としたのは辛かったろう。同一〇年には容量は七二〇ミリリットルとなり、デザインも一新した。

ロングセラーではあるが、数量的にはどうであったか。そこまで突っ込んで聞いたことはないが、かなり長い間、私の知る範囲のファンがあらかた飲んでしまっていたようである。

昭和五〇年一二月の第一回「幻の日本酒を飲む会」のテーブルに載った。

「福正宗オールド」㈱福光屋（石川県）

昭和四四年に三年熟成酒として発売した。五〇〇ミリリットルのグリーン瓶で六〇〇円であった。アルコール度数は高めだったが、淡麗辛口で、イタリア製のグラス付き、つまりオンザロック消費を狙ったのだろう。この品質にしては安いという印象があって、取り寄せて飲んだ。熟成させたものを商品化した意図は、吟醸香と味をまろやかにさせるためと蔵元は語っていた。

昭和五〇年一二月の第一回「幻の日本酒を飲む会」のテーブルに載った。蔵は相当の自信があったのだろう、北関東のある町で酒販店のパラペット（店の屋根の前面立上り部）看板に「福正宗オールド」がデザインされていたのを見た。この商品は、昭和五五年「ナイトアンドデイ」に、六一年に「大吟醸三年酒」にリニューアルされ、現在に至っている。

「秘蔵初孫」東北銘醸㈱（山形県）

食通で知られた吉田健一氏や丸谷才一氏が、「酒田市にめっぽううまい洋食屋がある」と雑誌などに盛んに書いた。グルメブームのはしりのころである。店の名は「ルポットフー」。それには

「その店ではこれまためっぽううまい日本酒を飲ませる。「秘蔵初孫」という酒だ」と続いていた。

彼らは「文芸春秋」の〃目・耳・口〃コラムや「週刊朝日」の〃百円弁当〃（のち、二百円弁当になる）を書いたサトウハチロー氏や山本嘉次郎氏の後を継いだうまいものの書き手であった。

それらの記事は貧乏設計屋には高嶺の花であった。いくらうまいものとはいえ、新潟経由の羽越本線で二日がかりで酒田までいく元気はない。だが、その「秘蔵初孫」が事務所の近くの酒販店「H」にあるのを知って、ちょくちょく賞味していた。「H」は「初孫」の専売店であったが、「秘蔵初孫」は一本か二本しか分けてもらえなかった。

三〇〇ミリリットルのなで肩の、その部分に貼ってあるレッテルが瓶形になじんでいなかった印象は、いまでも鮮やかである。値段は記憶にない。

これは昭和四四年、同社工場落成の引出物として配られ、それが酒田市のレストラン「ルポットフー」のメニューに載った。私がルポットフーを訪れたのは昭和五〇年代後半、同市公民館から講演を依頼されたときであった。「初孫」の蔵を訪ねたら、工場長が製造年代もわからなくなった古酒の在庫を見せてくれた。その当時、私は「吟醸古酒の発見者」として名が売れていたので、「この在庫を年代順に並べようか」と冗談を交わしたが、工場長はまもなく逝ってしまった。

「大洋盛大吟醸」大洋酒造㈱（新潟県）

昭和四七年一月。製造課長（現社長）の提案で社内の反対を押し切って発売。社内関係者はことごとく反対であったという。一・八リットルで一万円としたが、比較するものもなく、売れないだろうという思惑もあってのことだ。限定一〇本とし、当時の社長がレッテルを手書きした。発売と同時に、政治家のI氏が一〇本の注文をくれたので、あわててレッテルを石版刷りにした。

愛用者記録は、カードでなく、和紙の巻紙ふうになっていて、発売以来の記録が残っているはず。

「越乃寒梅超特撰」石本酒造㈱（新潟県）

昭和四七年一一月。五〇〇ミリリットルのグリーン瓶で発売された。昭和五〇年、「幻の日本酒を飲む会」発足のとき、これを第一回のリストに載せた。だが、どうしてこの商品があるということを知ったのか、思い出せない。

そのときすでに、同銘柄は入手難であった。同商品扱い店の東日暮里M酒店に買いにいった。普通商品は予約順番待ちであったが、超特撰は在庫があり、すぐ買えた。いまは巷間、数万円の値がついているとか、ファンでも空瓶すら見たことがないという話が嘘みたいである。

また、発売の年には六九本しか売れなかったという。消費者の不勉強を責めるべきか。知られざるものには需要はないの例というべきであろう。

4. だれが飲んでくれるのか

私自身が吟醸酒に出会って「うまい」と思った。昭和四〇年代、ケースで買い込み、事務所、自宅の常備品としていた。人に勧め、「うまい」といわれてわが事のように嬉しがって土産に持たせたりしたから、一二月には蔵元への支払いがばかにならなかった。そのあたりから吟醸酒が広がっていき、「幻の日本酒を飲む会」が発足することにもなった。それらの成功例はここでは書かない。自分が惚れたものは他人も惚れるだろうと思う。吟醸酒を市販化した酒蔵も同じ思惑があってのことだ。当時、吟醸酒はどうしたら売れるのかわからなかった。「自分でうまいと思ったから人もそう思うだろう。飲ませればいい」ぐらいしか思いつかなかった。その戦略は成功した。だが、失敗例のほうがはるかに多かった。それでも私はトップクラスのオピニオンリーダーであるから、指導を請われたり、ノウハウを語ったり、実践もしてみせた。ミスリードも多かった。それを紹介しておこう。

お金持ちなら飲むか？

吟醸酒は高い。その言い訳として、「食べ物、飲み物、その他のものでも、いいものとそうでないものの値段は一〇倍ぐらいの幅があって当然」と言い切った。嗜好品であり社交の場で消費されるものだから、一〇倍の格差あたりが適当だと、いまでも思っている。

仕事で酒蔵に出かけ、現地で食事をするときは、必ずその蔵の吟醸を飲んだ。そこで出会う蔵元の知人には、私の飲んでいる市販吟醸酒を私が勧めた。売り込んだ。「こういうものはケースで買うものです」とやった。その地ではそれ相応の人ばかりだから、蔵元と場の顔を立てて相手は「いや」とはいわなかった。私は所期の目的（飲ませれば必ずファンになる）を達成してご満悦だった。

あとで聞いてみると「返り注文」はないという。つまり、お金持ちなら吟醸酒を飲むと思ったのは間違いだった。その銘柄は東京で大人気だった。若い社長に「吟醸酒はあらかた東京直送でしょう」と聞いたら、「そんなことはない。うちは地元優先だから」と答えた。

篠田　でも、地元じゃさっぱり見かけないね。地下水路で東京につながっているんじゃない？

社長　うーん。地元の先生の応接室に山になっているよ。

篠田　先生って？。

社長　政治の先生と、お医者の先生と、学校の先生さ。

見事な洞察力である。人気を得て社会的付加価値がつくと、「お使い物」に利用される。それが「先生」のところへ届けられる。だが、残念ながら先生方が吟醸酒を好むとは限らない。先生にプレゼントした大衆のミスジャッジである。

懐で飲むのではない

いまは有名吟醸銘柄だが、昭和四〇年代には廃業さえ覚悟した蔵はこう語った。

「吟醸を商品化して、もうこれしかないと思いました。絶対売れると思ったのがさっぱりで、自棄気味でした」

と本音を語ったのは五〇年代の終りごろである。

「県庁所在地でもさっぱり売れないのに、この町でたった一人だけ、吟醸酒を買いにきてくれた人がいました。小さい町ですから、その人がどれほどの収入があるかも推察できます。

私は、〝あの人は吟醸酒を飲む人ではない〟と決めつけてしまったのです。定期的に買ってくださったのに、暇ですから店番をしていた私のお客様の扱いは……。つまり、あの人が吟醸酒ファンだったんですね」

表14にあるように、吟醸酒は昭和五〇年までになんと一二五銘柄が市販されている。

本来、日本酒のなかの最高品質を争う品評会から生まれた酒質なのだから、酒販業界や飲酒の場でそれなりの位置を得てもいいはずだ。それが実体はやせ細りつつあったのだ。品質を競う唯一の場である全国新酒鑑評会への出品点数も減少を続けていた。

一般社会には、「吟醸」という言葉すら認識されていなかった。つまり、「ない」も同然、吟醸を目指す人たちには申し訳ないが、消えつつあったというべきであろう。

表 14　吟醸酒市販リスト

年・月（昭和）	銘柄名	会社名	所在地
22. 10	金紋ふさ正宗	㈴石野商店	千葉県山武郡
24. 9	京美人特別吟醸清酒	東陽酒造㈱	愛媛県新居浜市
25. 5	金瓢白駒	日吉酒造店	石川県輪島市
30. 10	白牡丹	白牡丹㈱	広島県東広島市
30. 10	天下無双志ら梅	㈲仙頭酒造場	高知県安芸郡
33. 6	ゴールド賀茂鶴	賀茂鶴酒造㈱	広島県東広島市
33. —	能登白鳳	㈱沢田酒造店	石川県鳳至郡
34. 12	超特級ゴールドキレイ	亀齢酒造㈱	広島県東広島市
35. 4	吟醸酒白鷺	望月酒造場	静岡県藤枝市
35. 10	豪華賀茂鶴	賀茂鶴酒造㈱	広島県東広島市
36. 12	千代の園吟醸酒	千代の園酒造㈱	熊本県山鹿市
36. —	千福吟醸王者	㈱三宅本店	広島県呉市
37. 3	天鷹	天鷹酒造㈱	栃木県那須郡
37. 9	デラックス太平印千寿土佐鶴	土佐鶴酒造㈱	高知県安芸郡
37. 12	エンゼル福美人	福美人酒造㈱	広島県東広島市
38. 9	しなの月の井	月の井酒造㈱	長野県埴科郡
38. 10	デラックス豊麗司牡丹	司牡丹酒造㈱	高知県高岡郡
38. 10	金婚正宗	豊島屋酒造㈱	東京都東村山市
38. 12	西の関秘蔵酒	萱島酒造㈲	大分県東国東郡
38. —	群馬泉	島岡酒造㈱	群馬県太田市
39. 6	大吟醸菊水	菊水酒造	高知県安芸市
39. 9	超金陵	西野金陵㈱	香川県仲多度郡
39. 10	超特撰スキー正宗・華	㈱武蔵野酒造	新潟県上越市
39. 10	美禄福美人	福美人酒造㈱	広島県東広島市

40. 3	英優	梅村酒造場	愛知県豊田市
40. 9	吟醸酒見龍	見龍酒造㈱	宮城県古川市
40. —	初亀「亀」	初亀醸造㈱	静岡県志田郡
41. 4	てづくり七福神	菊の司酒造㈱	岩手県稗貫郡
42. 3	菊姫大吟醸	菊姫㈾	石川県石川郡
42. 9	ゴールド菱王宗	久保田酒造㈱	広島市安佐北区
42. 10	けごん	華厳酒造㈱	栃木県鹿沼市
42. 10	信濃錦	宮島酒店	長野県伊那市
42. 11	超特吟立山	立山酒造㈱	富山県砺波市
42. 11	大吟醸霊山	山村酒造㈴	熊本県阿蘇郡
43. 6	千代菊光琳	千代菊㈱	岐阜県羽島市
43. 10	大吟醸綾菊	綾菊酒造㈱	香川県綾歌郡
43. 10	初夢桜	天埜酒造	愛知県半田市
43. 11	吟醸純米飛良泉	㈱飛良泉本舗	秋田県由利郡
43. —	酒の芸術品	近藤酒造㈱	新潟県五泉市
43. —	超特撰越乃寒梅	石本酒造㈱	新潟県新潟市
43. —	特別吟醸松竹梅	宝酒造㈱	京都市下京区
44. 9	米鶴エフワン	米鶴酒造㈱	山形県東置賜郡
44. 10	特別吟醸鏡山	鏡山酒造㈱	埼玉県川越市
44. 10	石槌大名物	石槌酒造㈱	愛媛県西条市
44. 11	白山	㈱小堀酒造店	石川県石川郡
44. —	福正宗オールド	㈱福光屋	石川県金沢市
45. 3	ハイ暁山	面谷㈴	鳥取県境港市
45. 5	ゴールド加茂五葉	多胡本家酒造場	岡山県津山市
45. 5	秋田誉大吟醸	秋田誉酒造㈱	秋田県本荘市
45. 6	くめざくら	久米桜酒造㈲	鳥取県米子市
45. 9	大吟醸若韮	舟木酒造	福井県福井市
45. 10	特吟しらゆり	白百合酒造㈱	広島県世羅郡

年・月（昭和）	銘柄名	会社名	所在地
45. 10	力士大吟醸	㈱釜屋	埼玉県騎西郡
45. 10	君万代	㈱田中酒造店	茨城県取手市
45. 10	上喜元大吟醸	酒田酒造㈱	山形県酒田市
45. 10	獅子の里ホロホロ	松浦重蔵	石川県江沼郡
45. 11	万寿白老	沢田酒造㈱	愛知県常滑市
45. 12	大吟醸桃川	二北酒造㈱桃川工場	青森県二北郡
45. 12	大吟醸酒のいのち	㈱渡会本店	山形県鶴岡市
45. 12	喜多の華	喜多の華酒造場	福島県喜多方市
45年頃	超特撰オールド代々泉	塚野酒造㈱	新潟県北蒲原郡
45. —	秘蔵初孫	㈱初孫本店	山形県酒田市
45. —	吟醸辛口ふさじまん	桜井酒造㈱	千葉県山武郡
45. —	純米特吟醸福寿海	中川酒造㈴	鳥取県鳥取市
46. 1	大吟醸白瀑	山本㈴	秋田県山本郡
46. 3	越の鶴	越銘醸㈱	新潟県栃尾市
46. 10	大吟醸古酒鳥海誉	㈱佐藤酒造店	秋田県由利郡
46. 11	長寿	大関酒造㈱	兵庫県西宮市
46. 11	特級原酒大吟醸五橋	酒井酒造㈱	山口県岩国市
46. —	吟醸亀の海	㈱土屋酒造店	長野県佐久市
47. 1	大吟醸酒大洋盛	大洋酒造㈱	新潟県村上市
47. 5	大吟越の鶴	越銘醸㈱	新潟県栃尾市
47. 5	大吟醸笹一	笹一酒造㈱	山梨県大月市
47. 8	能代	喜久水酒造	秋田県能代市
47. 10	日置桜	㈲山根酒造場	鳥取県気高郡
47. 10	都鶴純米吟醸寿	都鶴酒造㈱	京都市伏見区
47. 10	吟醸やたがらす	㈱北岡本店	奈良県吉野郡
47. 10	超特撰菊水	菊水酒造㈱	新潟県新発田市

47. 11	大吟醸諏訪泉	諏訪酒造㈱	鳥取県八頭郡
48. 4	純米吟醸元帥	元帥酒造㈱	鳥取県倉吉市
48. 4	志賀盛	近江酒造㈱	滋賀県八日市市
48. 5	吉乃川秘蔵酒	吉乃川㈱	新潟県長岡市
48. 5	今代司秘蔵酒	今代司酒造㈱	新潟県新潟市
48. 7	オールド吟醸出羽鶴	秋田清酒㈱	秋田県仙北郡
48. 9	二級原酒純米酒白龍	白龍酒造㈱消費者直売のみ	名古屋市北区
48. 10	駒泉「真心」	盛庄酒造店	青森県上北郡
48. 10	純米吟醸酒醉舞	㈱浅勘酒造店	宮城県古川市
48. 10	吟醸白楽天	田中酒造	愛知県半田市
48. 10	大吟醸深山菊	㈲船坂酒造店	岐阜県高山市
48. 10	超特撰米の芯	銀盤酒造㈱	富山県黒部市
48. 11	新潟の吟醸久比岐	頸城酒造㈱	新潟県中頸城郡
48. 12	特別吟醸白富士	㈱富沢酒造店	福島県双葉郡
48. 12	遊天大吟醸	弘前銘醸㈱	青森県弘前市
48. —	池亀大吟醸	池亀酒造㈱	福岡県三潴郡
49. 4	幻	中尾醸造㈱	広島県竹原市
49. 4	大吟醸一人娘	㈱山中酒造店	茨城県結城郡
49. 5	しげます吟醸酒	㈱高橋商店	福岡県八女市
49. 5	手造り大盃大吟醸	牧野酒造㈱	群馬県群馬郡
49. 5	仁勇大吟醸	鍋店㈱神崎工場	千葉県香取郡
49. 7	古酒大吟醸天寿	天寿酒造㈱	秋田県由利郡
49. 9	大吟醸原酒常盤	常盤醸造㈱	名古屋市中川区
49. 10	喜久水吟醸	喜久水酒造㈱	長野県飯田市
49. 10	大吟醸大手門	田中屋酒造㈱	福岡県山門郡
49. 10	大吟醸オールド白露	高野酒造㈱	新潟県新潟市
49. 11	秋田晴吟醸	秋田酒造㈱	秋田県秋田市
49. 11	四季桜大吟醸	宇都宮酒造㈱	栃木県宇都宮市

年・月（昭和）	銘柄名	会社名	所在地
49. 12	大吟醸朝廷の酒龍神	龍神酒造㈱	群馬県館林市
49. 12	黄金の露	㈱金谷酒造店	石川県松任市
49. —	大吟醸開春	若林酒造㈲	島根県邇摩郡
50. 4	大吟醸富久駒	久保田酒造㈾	福井県坂井郡
50. 5	招徳生一本吟醸	招徳酒造㈱	京都市伏見区
50. 6	大吟醸菊川	菊川㈱灘工場	神戸市灘区
50. 6	純米大吟醸篝火	菊川㈱岐阜工場	岐阜県各務原市
50. 9	大吟醸桑の都	小沢酒造場	東京都八王子市
50. 10	吟醸酒武甲	武甲酒造㈱	埼玉県秩父市
50. 10	大吟醸天覧山	五十嵐酒造㈱	埼玉県飯能市
50. 10	大吟醸真鶴	㈱田中酒造店	宮城県加美郡
50. 11	大吟醸黒龍しずく	黒龍酒造㈱	福井県吉田郡
50. 11	日本刀大吟醸	日本刀酒造㈱	新潟県見附市
50. 11	大吟醸秀緑	大塚酒造㈱	茨城県岩井市
50. 12	大吟醸麗人	麗人酒造㈱	長野県諏訪市
50. 12	大吟醸蔵之主	㈱マスカガミ	新潟県加茂市
50. 12	大吟醸宮寒梅	㈴寒梅酒造	宮城県古川市
50. —	限定豊泉吟醸	関口酒造㈴	埼玉県北葛飾郡
50. —	王紋大吟醸	市島酒造㈱	新潟県新発田市

（注）昭和59年5～7月，『吟醸酒』（鎌倉書房）を執筆する際の資料としてアンケートしたもの．

第5章　消えていた「吟醸」という言葉

1.「吟醸」がもつ二つの意味

夜明け前は一番暗い

私は戦後の吟醸酒のあゆみを辿ってきた。昭和二〇年の終戦時から吟醸酒が市販商品となる昭和五〇年までを目途とした。

それ以前の時期については、昭和一三年で幕を閉じた全国清酒品評会の歴史を小説の形で辿ることができたし、その後は昭和五〇年一二月に立ち上げた「幻の日本酒を飲む会」を運営することによって、自分の体で吟醸酒の歴史を辿ることができたからである。

吟醸酒の歴史にとっては、われわれの世代ともいえる昭和二〇〜五〇年が「知られざる空間」だったのである。そこを明らかにすれば、明治四〇年から今日までの百年に及ぶ吟醸酒史が欠落なしにつながると思ってのことだ。

幸いに、吟醸酒研究機構を呼びかけ、多くの人の協力があって、目的地である昭和五〇年に手が届くところまでやってきた。

そこで意外にも、「吟醸の秘密」に突き当たったのである。この「秘密」が吟醸酒を世に出てくるのを阻み、これからの飛躍にとっても障害になるであろうと思われるので、ここに章を起こした。

この章でいいたいこと、それは「吟醸の秘密」であるが、それを十分に理解するために、「第3章 5. 地酒揃えの酒問屋に聞く」、「第4章 1. 吟醸酒はなぜ売れなかったのか」を再読していただければありがたいのだが。

「夜明け前は一番暗い」という。吟醸酒が商品として登場する昭和五〇年の直前、つまり「夜明け前」なのだが、その時期はどれぐらいの暗さだったのか、それとも東の空には明かりが見えていたのか、そのあたりを知りたかった。

市場に見当たらない「吟醸」の文字

製造側は、量を膨張させながら、大きいものは大きくなり、その余波で次にくるものを圧迫し、下方に圧力を降ろしていく相似形ドミノ現象のなかでもがいていた。

流通は量販メリットに乗れたものと乗れないものとに二分化され、乗れなかったものは「地酒」に目を向けた。この流れは年表を辿れば明らかになるし、また流通についてはその証言を三社から聞いた。

これを調べていて、私はあることに気づいた。そこには「吟醸」という言葉がなかった。

「吟醸」という言葉については、中公新書『日本の酒づくり』に私見を書いておいた。その後、吟醸酒の辿った道をつぶさに追ううちに、「吟醸」という言葉は二つの意味で使われていたと推定した。

①品評会・鑑評会で品質を競う酒を指す。
②酒の最高品質を表す言葉である。

ごく当たり前のことであるが……。

大正中期、全国清酒品評会の品質を巡って吟醸論が戦わされている。江田鎌治郎氏と鹿又親氏の論争は『吟醸酒誕生』（実業之日本社、中公文庫）と『吟醸酒への招待』（中公新書）に収録した。彼らが「吟醸」をどう理解していたか、これも再読してその意図するところをつかんでほしい。

また、大正一三年の灘五郷酒造組合の清酒品評会ボイコットに至る「申入書」には、「品評会酒を特醸」していると言及している。

ここに出てくる「品評会酒特醸」という言葉の響きには、全国の酒蔵が志向した品質を「忌むべきもの」との意味が込められているように思える。最近でも、同地区のある蔵は、自社発行の酒のテキストに「吟醸は（中略）リンゴのような芳香を放つ特徴があるが、人により好き嫌いがある。この香りは多くの消費者には必ずしも好まれず、とくに燗をすると飲みづらく多く飲めない」という解説を載せたり、商品に「吟醸」をつけたり引っ込めたりしているのは、当時の余韻を引きずっているのかもしれない。もちろん同社は、鑑評会には今日でも出品していない。私は、それも一つの見識だとひそかに尊敬しているが。

ここで断っておかねばならないのは、灘五郷の酒蔵がすべて吟醸を否定していたかということである。私の見るところ、全国清酒品評会はボイコットしたが、優れた吟醸酒をつくっていたことも事実である。昭和二年の全国新酒鑑評会では、出品場数九六、出品点数一一三点のなかで「大関」が見事第一位を得ている。

当時の全国新酒鑑評会の記録は上位三位までの銘柄しか残っていない。同地区の他の蔵はどうであったか、全出品記録は残っていないのでわからない。だが、鑑評会上位三点記録には前述のように「大関」が入賞していることは確かだ。

また、斎藤富男氏の報告によると、昭和一三年に東京税務監督局が調査した市販酒の高価格商品と、昭和一一、一三年の全国清酒品評会上位入賞酒の分析データがほぼ同じ結果を示しているとある。当時、東京市場で高価格で市販されていた酒は灘酒が中心だった。全国清酒品評会上位酒はいわゆる地酒銘柄である。

この分析データから、灘酒の上級酒のかなりのものは、大関社同様、品評会へは出品しないながら、出品上位酒と同じ品質、つまり「吟醸」をつくり、市場に出していたのではないかと想像される。

市場に出ている高価格商品に、「吟醸」という小印《こじるし》（肩書き）をつけることもあったであろう。とすると、「吟醸」という言葉は、品評会への出品の是非は別として、前記①、②の意の並列で使用されていたと見られる。

第1級を製造できる会社と商標

商　標	生産地	会社名
万歳紋白雪	兵庫県	小西酒造㈱
鳳凰世界長	同	㈱世界長小網商店
金紋賀茂鶴	広島県	賀茂鶴酒造㈱
黒松福美人	同	福美人酒造㈱
褒紋ミヨシ正宗	同	㈱三吉酒造場
黒松千福	同	㈱三宅本店
名誉酔心	同	山根薫
金鱗月桂冠	京都府・兵庫県	㈱大倉恒吉商店
金紋英勲	京都府	斎藤貞一郎
大吟造キンシ正宗	同	㈱堀野久造商店
鳳凰神聖	同	山本源兵衛
金紋両関	秋田県	㈴伊藤仁右衛門商店
大吟醸太平山	同	小玉㈴
飛切爛漫	同	秋田銘醸㈱
大吟醸新政	同	佐藤卯兵衛
特撰金露	大阪府・兵庫県	大塚㈴
特撰都菊	大阪府	肥塚安雄
朝日山正宗	新潟県	朝日酒造㈱
豊麗司牡丹	高知県	司牡丹酒造㈱
特等万代	福岡県	㈴小林本店

2.級別制度と「吟醸」

第一級の条件

昭和一八年に酒類に級別制度が制定された。品質に応じて級別にあてはめ、それぞれの酒税を課するものである。法の精神としては、「いい酒、うまい酒を飲む人（つくるメーカー）からは、高い贅沢税（物品税）をとる」というものだったろう。

制定された級別は、第一級～第四級までの四段階で

表 15 昭和18年酒類の別表1・

商 標	生産地	会社名
青松白鷹	兵庫県	㈱辰馬悦蔵商店
黒松白鷹	同	同
褒紋正宗	同	同
金冠白鶴	同	嘉納㈴
黒松白鹿	同	辰馬本家酒造
特撰日本盛	同	西宮酒造㈱
鳳紋特撰惣花	同	同
特撰千代盛	同	日本摂酒㈱
大吟造忠勇	同	若林㈴
黒松神鷹	同	江井ケ嶋酒造㈱
特撰多聞	同	多聞酒造㈱
葵紋大関	同	㈱長部文治郎商店
褒紋富久娘	同	花木三二郎
大吟造国冠	同	㈾久星商店
大飛切東自慢	同	本辰酒造㈱
特撰沢の鶴	同	石崎㈱
超稀桜正宗	同	山邑酒造㈱
特撰菊正宗	同	㈱本嘉納商店
特撰金盃	同	㈱本高田商店
松竹梅	同	松竹梅酒造㈱

（注） 三木義一編『うまい酒と酒税法』（有斐閣新書）による．

あった。

そのなかの第一級とは「別表一に揚ぐる酒類製造者が製造し、同表に揚ぐる〝商標〟を付したる清酒にして、アルコール分一六度以上、原エキス分三二度以上の成分規格を有し、品質につき中央酒類委員会の認定を経たるもの」であった。

くどいようだが、箇条書きにすると、

①指定メーカーの
②指定商標の
③規定規格を満足する
④審査を通ったもの

の四条件のすべてをクリアーしたものだけが「第一級」となれた。

まず、入口の指定銘柄外は「第一級」にチャレンジできなかったのである。

私見だが、昭和四〇年代まで、「上級酒は大手、二級酒は地方メーカー」というすみ分けが暗黙のなかで成り立っていたのは、ここに根拠があったのではあるまいか。

前記にいう「別表一」とは表15に示すものである。

優れた品質を表す言葉

そのほとんどには、「同一銘柄のうちでとくに優れた商品」を表すさまざまな「小印」が付されている。この小印を集めると次のようになる。

- 特撰日本盛、特撰千代盛、特撰多聞、特撰沢の鶴、特撰菊正宗、特撰金盃、特撰金露、特撰都菊、特等万代
- 大吟造忠勇、大吟造国冠、大吟造キンシ正宗、大吟醸太平山、大吟醸新政
- 黒松白鷹、黒松白鹿、黒松神鷹、黒松福美人、黒松千福
- 褒紋正宗、褒紋富久娘、褒紋ミヨシ正宗、鳳紋特撰惣花
- 金紋賀茂鶴、金紋両関、金紋英勲
- 鳳凰世界長、鳳凰神聖
- 大飛切東自慢、飛切爛漫

ここに集めた「特撰」「大吟醸」「褒紋」「黒松」「金紋」「鳳凰」「飛切」などは、それまでの実績とか商慣習で「優れた品質」を表す言葉として定着したものと思える。

そのなかで小印に「吟」の字を用いたものが五つある（兵庫県灘 二、京都府伏見 一、秋田県 二）。

前にも書いたように、ここにあげられている小印付きの銘柄は「第一級」の権威付きの商品である。そこに「吟」の字が使用されていたということは、「吟醸」という言葉が市場においても最高品質を表す言葉であったことを示している。

他の小印名（「いいもの」を表す）は普通名詞だが、「吟醸（造）」は酒造業界のなかの専門語である。

付記しておくが、「吟造」は「吟醸」と同義語として用いられ、現在でも広島県と広島杜氏は「吟造」を使うことが多い。

酒に「吟醸」と付記する慣例が明治中期以降に現れ、優れたという意味合いは大正期になってからの用語であることを考えれば、ここで用いられた「大吟醸・大吟造」の言葉の意味するところは大きいといえる。

また、「吟」の字が市場で最高級を表す言葉といったが、ここにあげた以外の銘柄は、たとえ「吟」の字を用いても「第一級」になれなかったのはいうまでもない。

3．どこへ消えたか「吟醸」の言葉

技術用語としてあった

これらからして、大正中期から昭和一八年ごろまで、「吟醸」という言葉は、①品評会出品の酒質、②市販酒のなかの最高の酒質、の二本立てで使われていたと見てよい。

だが、昭和四〇年代の酒販流通界では、「吟醸」は見当たらない。

①の品評会出品の品質のほうは技術用語で専門家の間でしか使われていなかったから、仕方ないともいえる。では、②市販酒のなかの最高の酒質の意味合いをもつ「吟醸」はどこにいったのか。

いい酒を探し、扱おうとした人々が「当時、吟醸という言葉を聞かなかった」と異口同音に証言している。これをどう解釈したらいいのか。

流通業界の外にいた私が、さらに想像を逞しくして推理を進める。

二つあった「吟醸」の前者、つまり品評会品質の吟醸は健在であった。いや、生き延びていた。品質志向の人々に守られて、かろうじて命を長らえていた。細々ながら①の吟醸派はいたからである。

私は酒蔵の設計者として酒づくりの技術者たちと深く付き合ったから、彼らが愛している吟醸酒を知ることができた。だから②の吟醸は知らなくてもよかった。

ここにまた一つの資料を挿入しておく。それは日本酒の本として歴史的ベストセラーである『日本の酒』（坂口謹一郎著、岩波新書、初版昭和三九年）に吟醸酒が取り上げられている。これは、坂口先生が酒造技術の研究者だから吟醸酒を知っていたのである。

昭和二〇年から五〇年の間の吟醸酒の軌跡をとらえて後に残そうという本書の目的からして、②の吟醸がなぜ消えたのかを見過ごすわけにはいかない。

昭和一八年までは間違いなくあった商品流通業界の「吟醸」という言葉は、戦後の流通や消費の場には見当たらない。

特級酒の存在

それならその当時、最高品質の市販酒はなかったのか？　あった。その酒は「吟醸」とはいわれず、「特級酒」といわれた。

酒税法の級別制度は、一八年に制定された四段階（第一～第四級）から、一九年一～三級、二〇年一～二級、そして二四年に特・一・二級となる。この特級には、指定製造場と中央酒類審議会審査がまだついていた。

少しずつ経済復興が進むなかで、国が認めた商号、選んだ銘柄、審査を通ったお墨付き。これは国が品質を約束したものである。

この「冠」の威力の前には、技術者が精魂込めた酒、プロの審査員が絶賛した酒も光を失った。

と同時に、私が辿った戦後の吟醸酒の軌跡のなかの「亡きものにされる」いきさつは、「吟醸」という言葉を抹消して「特級酒」という言葉にすり替えるプロジェクトであったことに気づいた。

それは思い過ごしだという人もいるだろう。特級酒をつくる権利はやがて「指定工場」でなくても可能になるからだ（昭和二八年改正時と思われる）。

だが、業界のトレンドをよく見てほしい。経済成長のなかで、先発した特級酒メーカーが優位を保ち、上級酒のシェアが五〇％を超し、繁栄のあらかたを手中に収めたではないか。その戦略の一つとして、「吟醸」という言葉潰しもあったのだ。

前に紹介した流通関係者の塚本鉄男氏は、「特級酒が手に入りませんで苦戦しました。特級酒があれば、熱海の市場に入ることができるのです」と語っている。

「いい酒をつくる」「いい酒を扱う」というつくり手と担い手の思いは、簡単にはかなえられなかった。統制経済の後を引きずった流通業界が国の威光にひれ伏して、「特級酒」崇拝になったから民間の努力は空しいものにならざるを得なかったのだろう。

4．社会が酒を受け入れる後ろ盾

「特級酒」が推進力になった

『吟醸酒への招待』にこんなことを書いた。人の食べ物、飲み物の嗜好は保守的である。その結果、新しい飲み物は一〇年に一つ、新しいアルコール飲料は百年に一つしか出てこない。日本において明治以降の百数十年間に新たに生まれたアルコール飲料の一つがビールである。

また、それらの新しいものの登場には「権威」が必要である。膨大な宣伝力は権威にもなり得る。ワインには鹿鳴館以来の外国崇拝とやんごとなき人々の食事様式、ウイスキーには海軍文化と膨大な宣伝力、ビールには戦後経済のもたらした三種の神器の一つ冷蔵庫の普及があった。だが、日本酒には「権威」はなかった。そのなかから宣伝もなしに吟醸酒が生まれた、と。

『吟醸酒への招待』を出版して二年後、昭和四〇年代の清酒業界を分析していて、日本酒に「権威」があったことに気づいた。

それは「特級酒」というものである。

国がつくった制度のなかで、国が指定した工場でつくられ、国が認定した「特級酒」こそが権威だったのである。

食品・飲料の業界は、他の業界と同じように寡占化の道を辿っている。そのなかで上位一〇社で市場占有率が五〇%に届かない非寡占型商品は、清酒、味噌、食パン、缶詰類、リキュール類だけであった。いずれも産地と消費地が同居している性格を持っている。

清酒は江戸時代に灘という産地を形成した。明治後期に伏見も産地になった。だが、その生産量は昭和二〇年までは双方あわせて十数%に過ぎなかった。「灘の下り酒」「灘の生一本」「灘の男酒、伏見の女酒」など、これらの産地の酒を称えるキャッチフレーズが巷に流布されていたにもかかわらずである。

それが、昭和三〇〜四〇年代に一挙に三〇％台に駆け上がるのである。何があったのか。「朝鮮戦争景気」「戦後は終わった」「所得倍増論」「皇太子（現天皇）ご成婚と東京オリンピックによるテレビの普及」「日本列島改造論」など、国民生活環境の変化もあったが、なぜ一部の産地だけが伸びたのかは、これら環境の変化とそれを取り込んだ企業施策だけでは解決できない。

そこにはもっと強力な推進力があった。「特級酒」がそれであった。

この級別制度が需要を伸ばし、上位集中を促したのは清酒だけではない。

ウイスキーもそうであった。昭和二〇〜三〇年代、全国各地にウイスキーメーカーがあった。一時「地ウイスキーブーム」で隠れていた姿を見せたが、免許はいまも残っているのであろう。そのウイスキー業界のなかでのサントリー社を例にとるならば、「トリス・二級」から「白ラベル・一級」へ、「角瓶・特級」「ダルマ・特級」へと主力商品を格上げ誘導し、付加価値を高めていった。ウイスキーの級別は「モルト混入率」で決まる。それに合わせた戦略の結果である。

後ろ盾が崩れる

いまにして思えば、「ダルマ神話の崩壊」は「特級ウイスキー」権威の崩壊が原因だったといえる。

日本酒において、上級酒が五〇％を超した（前述）ところで「特級酒権威」が崩れる。それが昭和五〇年であった。市場に出ている酒の半分以上に国が「いい酒・最高品質」と認定してしまったら、消費者のなかには眉に唾をつける人が現れても不思議はない。上級酒比率が五〇%を超すようになったら、次に新たな「上級イメージ」、それはある種の「権威」に支えられなければならないが、上級イメージを備えた商品を用意しなければならない。

だが、日本酒には次にくる「権威」付きの商品がなかった。当事者たちは、「特級酒という商品」が需要を促進させ販売促進効果をもたらしていたとは気づかなかった。「特級酒商品」は「絹のハンカチ」であるべきだったのである。だが、業界は争って「絹のハンカチ」を雑巾にした。次にもってこなければならないものなど、その必要性すら気づかずにいた。低落が始まる。

5. 日本酒を支えた「権威」の交替

酒質を選ぶファンの参加

大衆によって構成されている消費社会が酒類を認識するには、「権威」の裏づけが必要だと述べた。そして、日本酒には私が気づかなかった二種の権威が国によって構築されていた。

一つは国の技術系機関が認定した「吟醸」である。こちらは大正の中ごろから育ち始め、昭和一〇年ごろにはだいぶ認識を得ていたのだったが。もう一つは酒税法による「特級酒」である。こちらは国が徴税の方法として定めたものであったが、国がリードした統制経済のもとで「権威」になってしまった。

この二つの権威がともに国のリードでつくられたものであるためか、業界も国民もそれが酒類として認知される「権威」だとは気づかないままであった。そして、行政力が技術力を逆転して圧してしまった。勝者の「特級酒」のほうも、責任はどこにあるとはいえないが、ある種の粗製濫造の結果、色あせ始めたのが昭和四〇年代の後半であった。

賢い消費者やいいものを求める流通業者は、国が与えた権威に疑問を持ち始めた。

メーカー側の一部には、品質では最後のエース吟醸酒を世に問うものが現れる。エースとは思わずに、多様化の一環として試売したものもあったろうが。

吟醸酒の揺籃《ようらん》であった「滝野川」の全国新酒鑑評会は出品点数が減りつつあった。当然、きき酒の列に並ぶ酒蔵たちの数も減っていた。吟醸の火はまさに消えんとしていたのである。

そこに異変が起きた。

きき酒の列に、それまでの人たちとは違う風体の人たちが混じり出したのである。前掛け姿が似合いそうな酒販流通の関係者、割烹着で包丁を持たせたいような飲食店主、文筆を仕事としているジャーナリスト、それに仕事を抜け出したか休んだかのサラリーマン。どう見ても酒蔵関係者に見えない彼らは、先住者たちに冷たい目で見られた。それが、春が巡ってくるたびに再会し、そちらの人たちが増えてくる。そして先住者と新入りの間に交流が始まる。きき酒を待つ間、交流のための時間はたっぷりあった。

大衆が動き出した。吟醸酒が認識され出した。国の制度のバックアップも、強力な宣伝も、これという中心人物も何もなしに、吟醸酒はいい酒として「権威」に育ち始めた。

それに気づいた者はいない。周囲は「特級酒」が権威の役を務めていたとは認識していない。だからこれが崩れ始め、それに代わって「吟醸酒」が新たな権威になりつつあることにも気づかなかった。

吟醸酒の時代の幕開け

だからといって、この昭和五〇年の時点で吟醸酒はすっくと立ち上がったわけではない。流通業者の一部は「いい酒」として実力派地酒メーカー製品を選んだ。旧国鉄の「ディスカバージャパン」キャンペーンが妙なところで結実して、いくつかの地酒メーカーが権威に擬せられた。しかし、それらは真に実力のあるものとないものに二分化される。

昭和五五年ごろから、「うまいものはうまい」と吟醸酒が実力派地酒の陰から引き出される。いい地酒ハンターたちは、一発で吟醸酒を仕留められなかった。なぜなら、そのころそこには「吟醸」という言葉がなかったからである。

吟醸の火が消えんとしていたところに、新たな油が注入された。数は少ないが、大衆といわれる庶民が炎を引き継いだのである。彼らは打算も採算も問題にしなかった。百年に一つ、酒神が授けてくださった天恵の一滴を素直に受け取った。

こうして、吟醸酒の時代はゆっくりとその幕を開けていくのである。

おわりに

昭和五〇年を紀元元年とする市販吟醸酒の歴史が始まり、進んでいく。その詳細はすでに書かれたものに譲る。吟醸酒の足取りはゆっくりだが着実である。今日までの実績がそれを物語っている。明治四〇年をスタートとすれば、吟醸酒は有史前に七〇年の歴史を持っていた。大正中期から昭和初期にかけて、それは「権威」になりかけたのだったが、挫折した。吟醸を支えたのは「いいものをつくりたい」という人たちと、「いいものをつくらせ、それを評価する」人たちとの二人三脚であったが、支点は二つしかない。これではちゃんと立つことはできない。

消えかかっていた吟醸に、ささやかだがもう一つの支点が加わった。「いいものを受け止める」庶民たちである。支点が三つになって、少しずつだが基礎ができ支持盤も大きくなっている。

では「吟醸」という言葉は、これから「権威」として一人歩きしていくのであろうか。

吟醸酒時代の幕が開けて二十数年、私はまだ吟醸という言葉が権威にはなり得ていないと判断している。

その理由は、生みの親の多くにこれを権威として高めようという意識がないからである。意識がなければ努力をしない。努力する心がなければ行動も起こさない。それでは権威として高まるはずはない。

残念ながら、酒をつくる人のすべてが心に吟醸の意気込みをもっているのではないのだ。

それではこれからどうすればいいのか。未来のことはわからないが、業界なり競合商品、類似商品の轍を見れば、ぼんやりと見えるものはある。

その答えは、この一連の文章を読んだ方々に判断していただこう。

そして「一人でも我行かん」で、吟醸の心を高く掲げて進むしかない。その旗のもとに同じ心の者が集まってくる。

「吟醸」を権威に擬するとするなら、ほとんど知られなかった戦後から昭和五〇年までの吟醸酒の軌跡と、商品として人の目に触れ、社会にさらされてからの二十数年の実績を振り返り、必要なものは育て、不要なものは捨てればいい。

もしそこに誤りがあれば修正し、方向が違っていれば、そのポイントまで戻って出直してもよいだろう。何をどうやらねばならないかがわかったら、迷わず突き進むことだ。

それを信奉する人だけでいい。

吟醸酒と吟醸の心はもう消えることはなく、あゆみは遅いが日本を代表する地位へ昇っていくはずだ。私はそれを見続けてきたし、これからも見続けるつもりである。

あとがき

本書を出版することが決まり準備を進めていたころ、自民党総裁と首相に小泉純一郎さんが選ばれた。小泉さんは「構造改革」を掲げて政治のトップに立った。私は原稿に手を入れ、再読、三読する間、脳裏に「構造改革」という言葉がまとわりついて離れなかった。

政治のキャッチフレーズをきざに真似る気などさらさらないのだが、戦後の吟醸酒の置かれた三〇年を辿るたび、「構造が吟醸酒を押さえつけ、あわや消えんとする寸前まで追いつめた」ことを認識しなければならなかったからだ。

おいしいものはおいしいというわれわれの生活のなかの単純なルールも、それが置かれた構造が悪ければうまく作動しないのだ。これは、おいしいものに興味をそそられる多くの人に伝えたいところである。

人は「ものをつくるなら少しでもいいものをつくる」本能のようなものをもっていると信じていたのだが、ある環境下では、業界がこぞって競争を排除し、自分たちの既得権を守ろうとする動き、これも本能なのかもしれないが、そういうこともするものなのだと認識した。

幸いにわれわれ酒徒の前に吟醸酒が姿を現してくれた。いいものをつくる人、それを客観的に評価する人、それを探して飲む人の三つが鼎《かなえ》になって吟醸酒を支えている。これから少々のことがあっても吟醸酒は消えまい。消されることもあるまい。

本書は、不明だった昭和二〇年から五〇年までの吟醸酒の軌跡を追ったものである。心ある人によって組織された吟醸酒研究機構の機関誌に連載したものに加筆、補筆を行った。

昭和二〇年前後から思いつくままに書いていき、途中で吟醸酒が「消され」そうになったのに気づき、愕然としたのであった。あそこで消えていれば、消費者が鼎の一本の役を引き受けるのがもう少し遅ければ、われわれは吟醸酒に会うことができなかったかもしれない。

本書がまとまったのは、先人たちの熱意と吟醸酒研究機構を支えてくれた人たちのお陰であり、また、共に吟醸酒を二五年間飲み続けた「幻の日本酒を飲む会」の皆さんがいたからです。

私は先天的欠陥で失明しています。私に代わって校正をしてくれた石川雄章さん、石川誠豪さん、篠田祐輔さん、照井育子さん、渡辺誠さんにお礼を申し上げます。それとともに、この話題を見出してくれた技報堂出版編集部の宮本佳世子さんに厚くお礼を申し上げます。

平成一三年七月

篠田次郎

著者紹介

篠田次郎・しのだじろう

昭和 8 年　仙台市に生まれる

昭和31年　福島大学経済学部卒業

民間企業勤務を経て，昭和40年篠田安藤建築設計事務所，ジェイナスコンサルタンツを開設．酒造工場の設計，コンサルタンツに携わる．これらの仕事のなかで吟醸酒に出会い，「幻の日本酒を飲む会」を創設．以降25年にわたり吟醸酒を味わいながら，吟醸酒百年の歴史研究を続けている．

技術士，一級建築士，中小企業診断士

吟醸酒研究機構世話人頭，幻の日本酒を飲む会会長

主著『日本の酒づくり』中公新書，昭和56年

『吟醸酒』鎌倉書房，昭和59年；『最新吟醸酒』鎌倉書房，昭和62年

『清酒工場設計の考え方』日本酒造組合中央会，初版昭和63年，改訂平成10年

『幻の日本酒を求めて』大陸書房，昭和61年

『吟醸酒誕生』実業之日本社，平成4年；中公文庫，平成10年

『吟醸酒の来た道』実業之日本社，平成7年；中公文庫，平成11年

『吟醸酒への招待』中公新書，平成9年

吟醸酒の光と影

――世に出るまでの秘められたはなし――　　定価はカバーに表示してあります

2001年9月3日　1版1刷発行　　ISBN 4-7655-4428-1　C1370

著　者　篠　田　次　郎

発行者　長　　祥　隆

発行所　技報堂出版株式会社

〒102-0075　東京都千代田区三番町 8-7

（第25興和ビル）

電　話　営業　(03)(5215) 3 1 6 5

　　　　編集　(03)(5215) 3 1 6 1

F A X　(03)(5215) 3 2 3 3

振　替　口　座　0 0 1 4 0-4-1 0

日本書籍出版協会会員

自然科学書協会会員

工学書協会会員

土木・建築書協会会員

Printed in Japan

装幀 海保　透　印刷 東京印刷センター　製本 鈴木製本